Travel Schedule
여행 일정

MEMO

끄적 끄적

주머니에 쏙! 가벼운 발걸음!
GO
Happy Tour

북경

BEIJING

러시아
카자흐스탄
몽고
신강위구르자치구
내몽고자치구
北京市 북경시
동해
천진시
대한민국
청도
서해
중국
남경
상해
티벳자치구
중경
인도
홍콩
대만
마카오
미얀마
태국
라오스
베트남
해남도
인도양
필리핀

혜지연

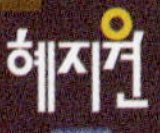

이 책을 보는 방법
How to Use This Book

이 책은 북경을 황성 중심구역, 북경의 동과 서, 북경의 남쪽과 외곽지역으로 나누고 다시 북경 중심, 동성구, 서성구, 조양구, 해전구, 숭문구, 선무구와 북경 근교로 자세하게 나누어 소개했습니다.

각 구역은 교통정보와 지도 등 기본 자료 외에도 TOP 관광명소, 쇼핑, 식당 및 숙박의 정보를 4개의 소단원으로 나누어 실었습니다. 또 북경의 옛 숨결을 느낄 수 있는 민가 탐방 단원을 특별 기획하여 후통(우리의 골목)과 사합원(전통가옥)의 매력을 소개하며 색다른 여행일정을 제안하고 있습니다.

여행정보 단원에서는 비자, 교통, 환율 등 북경 여행 시 반드시 필요한 정보를 소개하였고, 전화번호, 팩스, 주소, 홈페이지, 영업시간, 찾아가는 방법 등의 정보는 글씨를 확대하여 쉽게 알아볼 수 있도록 했기 때문에 여행일정을 편리하게 계획할 수 있을 것입니다.

거기에 간단하고 알아보기 쉬운 범례도 함께 병기했습니다. 각 범례의 뜻은 다음과 같습니다.

🔺 지도페이지 & 좌표	🄵 팩스	🆆 홈페이지
🐾 교통	개업시간	@ E-mail
🏠 주소	休 휴업일	
☎ 전화	$ 가격	

본서에 표시된 비용은 대부분 인민폐(위안)를 기본단위로 했습니다. 또 교통정보, 비용, 영업시간, 주소, 전화번호 등의 자료는 모두 2008년 5월에 수집한 자료를 기준으로 기입된 것입니다. 특히 비용은 변동되기 쉬우니 참고하시기 바랍니다.

*호텔 숙박비용이 달러($)로 표시된 곳도 있음.

주머니에 쏙! 가벼운 발걸음! Happy Tour 북경

⊙ **가볍고 편안한 크기, 두껍고 무거운 여행서는 BYE BYE!**
크기 10×21cm, 무게 200g, 편안하고 부담이 없어 주머니든 가방이든 어디에도 OK!!

⊙ **만족스러운 정보들이 ALL IN ONE!**
알짜 정보만 모아서 꼭 가보아야 할 관광명소, 맛보아야 할 음식, 쇼핑장소에 대한 정보를 모두 수록하였습니다.

⊙ **효율적인 구성으로 언제 어디서든 쉽게 찾아 사용한다!**
각 지역을 장과 절로 나누고 지도를 수록하여 필요한 정보를 쉽게 찾을 수 있습니다.

⊙ **관광명소+식당+쇼핑+숙소, 나도 이제 여행전문가!**
책에 수록된 곳을 스스로 선택하여 자신이 원하는 완벽한 여행계획을 짤 수 있습니다.

⊙ **여행 필수 품목 No.1!**
참신하고 예쁜 디자인, 한손에 쏙 들어가는 사이즈, 비닐 표지로 싸여있어 어디든지 들고 다닐 수 있습니다.

지역 명칭

지역별 지도

명소(한국어&영어&한자)
지도좌표&페이지
교통정보
지역 색인&단원(명소·식당·숙박)
명소 소개

96 조양구

명소 : 일단공원, 세무천계, 중앙 방송국 CCTV, 올림픽 주경기장, 올림픽 체육관, 워터큐브, 금일 미술관, 자단 박물관, 동악묘, 공체 상점가, 798예술구역

쇼핑 : 수수가 시장, 국무상성, 신광천지, 건외 소호, 북경 고완성, 연사우의상성, 아수 의류도매시장, 여인가, 반가원 골동품시장

식당 : 삼리둔남과 북가주점, 일완거, 경륜 호텔, 서라벌, 덕극살사배방

숙박 : BEIJING EASTERN MORNING SUN YOUTH HOSTEL, BEI JING FU HUA JIN BAO HOTEL, BEIJING DA BEI HOTEL, YUAN FANG HOTEL, HUA TONG XIN HOTEL, FRIENDSHIP YOUTH HOSTEL, BEI JING ZHAO LONG YOUTH HOSTEL, HUA XIA HOSTEL, YOUTH HOSTEL, BEI JING CITY CENTRAL YOUTH HOSTEL

115 해전구

명소 : 북경식물원, 원대도 유적공원, 중국인민혁명군사박물관, 중화세기단, 대종사, 북경대학, 북경동물원, 북경 해양관, 중관촌, 중국국가도서관, 옥연담 공원, 향산, 이화원, 자죽원 공원, 원명원, 풍립송 서점

쇼핑 : 동물원 의류도매시장

식당 : 백가대택문식부, 금생륭·폭두풍, 등격리탑랍, 청려관반장

숙박 : HOTEL BEI JING ZHAN LAN GUAN, ZI YU HOTEL, WAN NIAN QIAN HOTEL, RAILWAY HOTEL, MEDIA CENTER, JI MEN HOTEL

북경근교
북경행정구역
怀柔区 회유구
延庆县 연경현
蜜云县 밀운현
昌平区 창평구
西城区 서성구
平谷区 평곡구
东城区 동성구
顺义区 순의구
门头沟区 문두구구
海淀区 해전구
朝阳区 조양구
石景山区 석경산구
河北省 하북성
房山区 방산구
丰台区 풍대구
通洲区 통주구
大兴区 대흥구
宣武区 선무구
崇文区 숭문구
天津市 천진시
白河堡水库 백하보 댐
松山自然保护区 송산자연보호구역
龙庆峡 용경협
山戎古墓 산계고묘
延庆县 연경현
八达岭长城 팔달령장성
长城脚下的公社 장성각하석공사
成吉思汗行宫 징기스칸행궁
铁壁银山 철벽은산
居庸关长城 거용관장성
明十三陵 명13릉
国际射击场 국제사격장
京口高速公路 팔달령고속도로
小汤山温泉 소탕산온천
昌平区 창평구
笔架山 필가산
七王坟 칠왕분
海淀区 해전구
玫瑰岭 매괴령
香山温泉 향산온천
清河 청하
珍珠湖 진주호
大觉寺 대각사
卧佛寺 와불사
圆明园 원명원
北京植物园 북경식물원
颐和园 이화원
门头沟区 문두구구
香山公园 향산공원
门头沟 문두구
法海寺 법해사
西城区 서성구
潭柘寺 담자사
石景山 석경산
百花山 백화산
戒台寺 계태사
芦沟桥 노구교
宣武区 선무구
灵岩禅寺 영암선사
石花洞 석화동
世界公园 세계공원
鱼斗泉 어두천
猫耳山 묘이산
房山区 방산구
金陵遗址 금릉유적
丰台区 풍대구
北京猿人遗址 북경원인유적
周口店 주구점
京石高速公路 경석고속공로
十渡风景区 십도풍경구역
云居寺 운거사
商都遗址 상도유적
清西陵 청서릉
刘备故里 비고향
河北省 하북성

C
D
河北省
하북성
怀柔区 회유구
密云县 밀운현
古北口 고북구
金山岭长城 금산령장성
扬令公祠 양령공사
司马台长城 사마대장성
云蒙山 운몽산
百龙潭 백룡담
幕田峪长城 모전유장성
黑龙潭 흑룡담
云湖度假村 운호리조트
密云国际游乐场 밀운국제유원지
白道峪溶洞 백도유용동
雁栖湖 안서호
密云 밀운
红螺寺 홍라사
老象峰 노상봉
清东陵→ 청서릉 방향
大华山 대화사
焦庄户地道遗址 초장호지도유적
黄崖关 황애관
顺义区 순의구
平谷县 평곡현
巨龙公园 거룡공원
盘山 반산
北京空港花园酒店 북경에어포트가든호텔
首都机场 수도공항
绿色度假村 그린리조트
机场高速公路 공항고속도로
首都机场宾馆 수도공항호텔
北京国都大饭店 북경국도호텔
华堂高尔夫球俱乐部 화팅골프클럽
朝阳区 조양구
京顺路 동순로
北京市 북경시
崇文区 숭문구
通州区 통주구
河北省
하북성
大兴区
대흥구
京津塘高速公路 경룡당고속도로
天津市
천진시
N

북경시 중심
A
B
↑北大,中關村,圓明園,風入松書店,白家大宅門食府,中關村酒店 방향
知春路
金生隆&爆肚馮 방향
薊門飯店
西土城路
元大都遺址公園
元大都遺址
燕山大酒店
當代商城
大鐘寺古鐘博物館
北三環西路
薊門橋
西土城路
環西路
雙安商場
友誼賓館
白頤路
紫金城飯店
北北站
昆明湖路
魏公村路
學院南路
南筏廣南路
皇苑大酒店
萬年青賓館
西三環北路
外國語大學
香格里拉飯店
中國國家圖書館
北京海洋館
북경해양관
紫竹院公園
五塔寺
中苑賓館
新紫陽假日飯店
北京动物園
북경동물원
北京展賓館
北京展覽館
密引水渠
北洼路
西直門外大街
莫斯科餐廳
北京天文館
북경천문관
新世紀飯店
西苑飯店
北京物園成衣批發市場
新大都飯店
國誼賓館
玲瓏路
蓮花園橋
車公庄西路
三環北路
紫玉飯店
車公庄大街
首都師範大學
增光路
金都假日飯店
萬庄大街
←勝格里塔拉,北 長峰假日酒店 방향
航天橋
阜成路
阜成門外大街
萬通新世界中心
阜成市北大街
魯迅博物館
裕龍大酒店
釣魚台賓館
三里河路
月壇北街
月壇公園
阜成門南大街
中央電視塔
西三環中路
玉潭淵公園
玉潭淵
月壇體育館
月壇南街
新興賓館
望海樓賓館
梅地亞中心
中國人民軍事博物館
萬壽路站
中央電視台
中華世紀壇 중화세기단
燕 飯店
復興門外街
萬壽路
公主墳站
新興橋
軍事博物館站
復興路
木 地站
首都博物館
南禮士路站
京西賓館
北京鐵路大廈
廣播電影電視總局
白雲觀 백운관
都信苑飯店
蓮花橋
北京西站
天寧寺橋
西三環中路
蓮花池公園
蓮花池長途汽車站
天寧寺
廣安門橋
蓮花西路
廣安門外大街
廣安門濱河路
馬蓮道路
華隆飯店
六里橋
廣安門火車站
白紙坊西街
六里橋長途汽車站
蓮花河
西三環南路
大觀園酒店
麗澤橋長途汽車站
大觀園 대관원
麗澤路
榮戶睿橋
豐台北路
西三環南路
麗澤橋
首都醫科大學
蓮花河
기호설명
명소   호텔   상점   식당   병원   교회   학교   오락시설   사찰
서점   극장   광장   유적   공원   정류장   박물관   지하철역   도서관
정부기관   고속도로   철도
아메리칸 익스프레스 여행자수표 중신은행 환전소   아메리칸 익스프레스 여행자수표 교통은행 환전소

C
D
花園東路
昌高速
北辰路
北三環中路
一碗居
安定路
/798藝術區、燕莎友誼商城、
女人街、薩拉伯爾、德克薩斯
扒房遠方飯店,北友誼青年
酒店 方向
圓山大酒店
北郊長途汽車站
安華橋
北京化工大學
和平里東街
北太平庄橋
馬甸橋
北三環東路
1
1
華北大酒店
安貞橋
北三環中路
安貞橋
德勝飯店
中國木偶劇院
新街口外大街
德勝門外大街
安定門外大街
柳萌湖公園
鼓樓外大街
和平里大酒店
人定湖公園
青年湖公園
壇根院食坊
文慧園路
積水潭站
安德路
地壇公園
安定門橋
雍和宮站
積水潭橋
箭樓
鐘樓、鼓樓
安定門東街
德勝橋
鼓樓站
國子監 국자감
雍和宮 옹화궁
徐悲鴻紀念館
匯通
新街口內大街
竹園賓館
北京河北飯店
孔廟 공자묘
華僑飯店
富街
宋慶齡故居
孔乙己酒樓
北京鼓樓酒店
鼓樓東大街
東直門內大街
廣化寺 광화사
北京鼓樓酒店
安定門內大街
新燕都總匯
恭王府 공왕부
烤肉季飯庄
茅盾故居
一南新倉、東嶽廟、工體商圈、雅
秀服裝市場、三里屯東北街酒吧、
華通新飯店,北兆龍國際青年旅
舍、華夏賓館 方向
梅蘭芳故居
매란방옛집
郭沫若故居
곽말약옛집
東堂
護國寺
北海賓館
青竹園賓館
平安大街
西北海公園
西什庫街
北海飯店
南鑼鼓巷
侶松園賓
館
朝陽門北小街
歷代帝王廟
廣濟寺
北海 북해
景山東街
三聯書店
府井
大街
殘糧胡同
白塔寺
中國地質博物館
景山公園 경산공원
中國美術館
北大紅
樓
孚王府
全國政協
景山前街
五四大街
朝陽門內大街
西四北
大街
中府右街
景山前街
王府井大飯店
白魁老號飯庄
阿凡提
民族文化宮
中海
故宮博物院
勞動人民文化宮
國際藝苑皇冠飯店
松鶴大酒店
富華
金寳酒店
民族飯店
西單
貨商場
物中心
中山公園
菖蒲河公園
貴賓樓飯店
新東安市場
和平賓館
朝陽門南小街
西單
站
中山公園
중산공원
天安門 천안문
北京飯店
俏江南
東方晨光青年
旅館
國家大劇院
東長安街
天安門東站
東單
建國門內大街
國際金融中心
時代廣場
天安門廣場
城市青年酒店
長椿路站
中國錢幣博物館
東郊民巷
北京市政府
崇文門站
新華社
四川飯店
人民英雄紀念碑
正陽門 정양문
北京站
宣武門西大街
前門西大街
前門東大街
崇文門飯店
宣武門站
宣武門
外大街
越秀大飯庄
新世界萬怡酒店
順德門飯店
琉璃廠文化街
文物商店
全聚德烤鴨店
崇文門
外大街
一今日美術館、紫檀博物館、青
年之家旅館、明城牆遺址 方向
遠東國際青年
旅舍
老正興飯庄
開湯包
/秀水街市場、
國貿商城新光
天地、建外
SOHO、倫飯
店、大北賓館
方向
廣聚元飯店
珠市口東大街
遠東飯店
惠中飯店
前門飯店
永定門內路
天壇路
紅橋市場
廣安門內大街
法源寺 법원사
滕王閣大酒店
虎坊
路
北緯飯店
天壇公園
天壇體育
賓館
牛街禮拜寺
菜市口大街
天橋樂茶園
北京自然博物館
북경 자연박물관
昊園賓館
交通賓館
白紙坊東街
廣廈酒店
中國戲曲學院
北 古觀象台、日壇公園、
世貿天階,中央電視台
方向
陶然亭公園
도연정공원
先農壇體育場
玉蜓橋
右安門橋
陶然花園酒店
永定門橋
花鳥魚蟲市場
一北京古玩城、潘家園
舊貨市場 方向
僑園飯店
右安門東濱河路
北京南站
陶然橋
安東橋路
安定門外大街
馬家堡東路
右
N
C
D

세계유산

중국은 2007년 현재, 24개의 문화유산과 6개의 자연유산 및 4개의 대표적인 무형유산을 보유하고 있다. 수량에 있어서는 이탈리아(41개)와 스페인(40개)에 이어 세계3위를 차지하고 있다. 그 중 수도 북경에는 무려 6개의 문물이 있어 세계에서 문화유산을 가장 많이 보유하고 있는 도시이기도 하다.

고궁 故宮 꾸꽁 gù gōng

등록 ▶ 1987년
유산형태 ▶ 문화유산

　고궁을 자금성(紫禁城)이라고 부르기도 한다. 명나라 영락황제 18년에 완공된 후 중국 최고 권력의 중심이었으며, 오늘날 세계 최대 규모의 완벽한 고대왕궁건축물로 알려져 있다. 세계 5대 궁전의 하나로 프랑스의 엘리제, 영국의 버킹엄, 미국의 백악관, 러시아의 크렘린(Kremlin)과 어깨를 나란히 하고 있다.

만리장성 长城 창청 cháng chéng

등록 ▶ 1987년
유산형태 ▶ 문화유산

　만리장성은 기원전 220년, 진시황 때 건축되었다. 명나라 때 이르러 증축하였고 세계에서 가장 긴 군사방위시설이 되었다. 놀랄 만한 공정 기술을 통해 예술적인 측면에서도 가치를 창조해냈다고 할 수 있다. 만리장성은 로마의 원형경기장, 피사의 사탑 등과 더불어 세계 7대 불가사의 중 하나이다.

주구점북경인유적

周口店北京猿人遗址
쩌우커우띠엔베이징허우런이즈 zhōu kǒu diàn běi jīng yuán rén yí zhǐ

등록 ▶ 1987년　유산형태 ▶ 문화유산

　주구점유적지는 고대 아시아대륙에도 인류가 있었다는 역사적 증거일 뿐만 아니라 인류사의 과정을 보여주는 곳이다. 1921년, 스웨덴 학자인 앤더슨이 이곳을 처음으로 발견하였고 그 후 고고학자인 배문종(裴文中)이 북경인 두개골을 발굴하여 세상을 놀라게 했다.

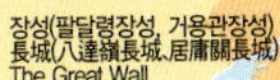

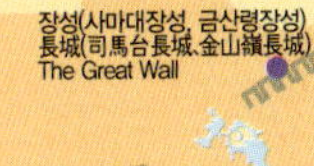

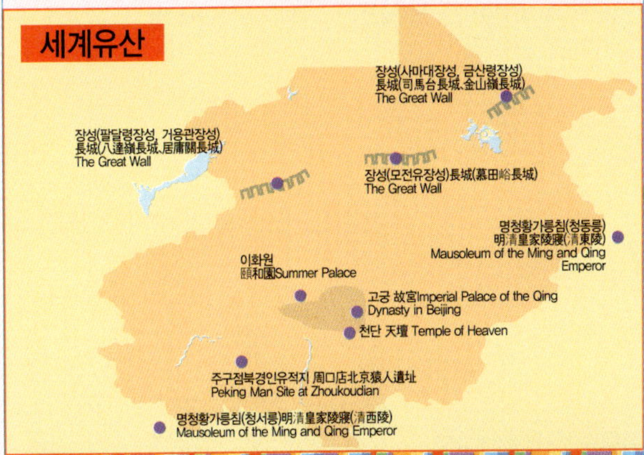

천단 天坛 티엔탄 tiān tán

등록 ▶ 1998년

유산형태 ▶ 문화유산

중국의 역경, 음양오행 등의 학설을 기준으로 완벽한 천인관계(天人关系)를 구현한 제단 건축이다. 중국 고대철학, 수학, 역학, 미학 등을 구체적으로 결합하여 중국 역사상 보기 드문 고대건축물로 현재까지 보존되어 오고 있다.

이화원 颐和园 이허위엔 yí hé yuán

등록 ▶ 1998년 유산형태 ▶ 문화유산

이화원은 인공미와 자연미가 잘 융합된 건축물이다. 짧은 시간 내에는 절대 다 둘러볼 수 없을 정도로 경치가 변화무쌍하고 규모가 매우 크다. 이화원에는 중집북방(中集北方), 사합원(四合院: ㅁ자형으로 지은 북경의

전통 주택양식), 항주서호(杭州西湖), 곤명호(昆明湖), 만수산 라마교 사원(万寿山喇嘛庙), 강남수향(江南水乡), 소주가(苏州街) 등 각종 풍경들이 한 곳에 어우러져 있어 중국 황실 조경 예술의 최고봉이라 할 수 있다.

명청황릉

明淸皇家凌寢 밍칭황지아링친 míng qīng huáng jiā líng qǐnr

등록 ▶ 2000, 2003년 유산형태 ▶ 문화유산

명청황릉은 호북(湖北)의 명현릉(明显陵), 하북(河北)의 청동릉(淸东

陵) 및 청서릉(淸西陵)과 북경시 창평구(北京市昌平区)의 명 13릉(明十三陵)을 포함한다. 아름다운 풍경 가운데 웅장한 황릉의 모습을 볼 수 있다.

고풍스러운
민가 탐방

호동(胡同: 이하 후통)이라는 글자는 이미 북경 거리와 골목의 총칭으로 불린 지 오래이다. 사료에 의하면 후통의 유래는 700년 전으로 거슬러 올라가며 그 어원은 몽고어로 우물이라고 한다.

옛날 북경성곽이 지어지고 황성을 중심으로 8km 길이의 중축을 기준으로 구획을 나누었다. 거기에 남북의 도로와 동서의 간선이 만나 십자로의 도로망이 형성되었다. 이를 다시 교차점을 기준으로 거주구역을 분할하여 '방(坊: 거리라는 뜻)'이라고 불렀다. 후통은 남북의 도로 양쪽으로 배열된 이 '방' 가운데 질서 있게 나열되어 있으며 남쪽을 향해 좌우 대칭의 바둑판 형식을 이루고 있다.

후통의 명칭은 하나의 학문이기도 하다. 북경 사람들에게 있어 후통이라는 이름은 이미 생활 속에 깊숙이 자리 잡았다. 성문사당(城门庙宇), 패루(牌楼: 두 개 또는 네 개의 기둥이 있는 장식용의 건축물), 관아(官衙府地), 특산품, 공방, 군영 기지들은 후통의 이름이자 명소이다. 또한 이곳은 여전히 옛 북경의 풍경이 생생하게 살아 있는 곳이기도 하다. 관광지로 발전하면서 후통 여행은 가장 환영받는 코스가 되었다. 후통의 식당, 주점 또한 날로 성업하면서 조용했던 골목들이 시끌벅적해졌다. 북경의 많은 후통 중에서 십찰해(什刹海), 동성구(东城区) 및 선무문구(宣武门区)는 절대 놓치지 말아야 할 명소이다.

아련한 추억의 골목길 후통

◎후통관광

☎ (010)6615-9097, 6612-3236

💲 100元~230元

🌐 www.hutongtour.com

후통을 가장 만끽할 수 있는 방법은 역시 천천히 걸으며 감상하는 것이다. 정해놓은 곳 없이 마음가는대로 걷다보면 의외로 쉽게 신기한 볼거리를 찾을 수 있다. 만약 더 깊이 들어가 보고 싶다면 자전거를 타는 것도 무방하다. 세밀하게 십찰해의 후통을 보고 싶다면 후통 가이드를 신청하면 된다. 인력거(三轮车)를 타고 옛 후통을 돌아보며 사합원에 들어가 차를 마시는 것도 좋다.

십찰해 什刹海 스차하이 shí chà hǎi

🚇 **지하철** 鼓楼大街, 积水潭 역에서 하차

북경 본고장인 후통을 이해하고 싶다면 반드시 십찰해를 방문하자. 금사투(金丝套)는 십찰해 후통의 정수이다. 18개의 구불구불한 후통이 북해(北海)와 남해(南海) 그리고 유음가(柳荫街) 주변의 구역을 감싸고 있다. 이곳에서는 한가롭게 거리를 거닐거나 차를 마시며 공연을 감상하는 주민들의 모습을 볼 수 있다. 이러한 옛 북경의 모습을 여전히 간직하고 있는 곳이 바로 십찰해 후통이다.

이 있다면 유리창(琉璃厂)의 이곳저곳을 걸으며 고서 진본과 문방사우를 찾아 나서도 좋을 것이다.

선무문구 宣武门区 쉬엔우먼취 xuān wǔ mén qū

🚇 **지하철** 和平门, 前门 역에서 하차

엄숙하고 고즈넉한 자금성 주변 지역에 비해 성 외곽에 위치하고 있는 선무문구는 훨씬 생동감이 넘친다. 먼저 전문서대가(前门西大街)의 옛 찻집에서 쉬었다가 다시 대책란가(大栅栏街)로 들어가면 유구한 역사를 자랑하는 육필거 장원(六必居酱园), 서부상 주단집(瑞蚨祥绸布店), 장일원 다류점(张一元茶庄) 같은 유명식당이나 상점들이 일렬로 늘어서서 당신을 맞이할 것이다. 만약 골동품에 관심

동성구 东城区 똥청취 dōng chéng qū

🚇 **지하철** 北新桥, 张自忠路 역에서 하차

동성구는 예전에 고관대작이나 돈 많은 상인들이 살았던 곳이다. 그래서 어디를 가더라도 유명인사의 저택들을 볼 수 있다. 특히 동사(东四)입구에서 14번째 후통이 가장 흥미롭다. 예를 들어 모아후통(帽儿湖同)내의 35호와 37호는 마지막 황후 완용(婉容)의 사가였으며 11호는 대학자였던 문욱(文煜)의 저택이었다. 정문과 상마석(上马石: 옛날 말을 탈 때 발판으로 삼기 위해 문 앞에 세운 돌) 모두 훼손되지 않고 보존되어 있다.

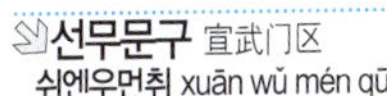

후통의 아름다움과 관광의 묘미를 느끼고 싶다면 먼저 전통적인 사합원 건축방식을 이해해야 한다.

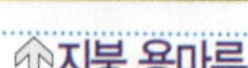

지붕 용마루

용마루는 일반적으로 대척(大脊), 청수척(清水脊)과 과토룡척(过土龙脊) 등 3종이 있다. 대척은 궁전, 사당, 왕부 등에만 사용했던 건축양식이다. 청수척은 전갈의 꼬리처럼 올라간 지붕 양쪽 끝에 뾰족한 처마를 넣은 것을 말하며, 과토룡척은 지붕 양쪽 끝 시척(施脊)에 사용된 것으로 모두 독특한 건축양식을 지니고 있다.

넣거나 간단한 그림을 그린 것들로 화룡점정의 효과를 낸다.

문발(门钹: 옛날 문고리를 거는 심벌즈 모양의 장식)

"문발"은 그 모양이 악기의 손잡이처럼 생겼다고 해서 붙여진 이름이다. 대부분 철과 동으로 제작되며, 동물의 얼굴, 원형, 육각형의 별, 꽃잎 등 모양이 매우 많다. 문발 위에는 문고리가 달려있어 문을 두드릴 때 편리하다. 문고리도 그 형태가 문발만큼 다양하다.

문련(门联)

사합원의 고풍스러운 기운이 넘치는 대련은 문짝의 한가운데에 글씨를 새긴 것이다. 서법도 행서, 해서, 전서, 예서 등으로 다양하며, 집 주인의 심성과 재기를 표현해낸 글귀가 많아 잠시 머물러 감상해보는 것도 좋을 것이다.

반두(盘头: 머리를 올려 묶은 것처럼 보이는 형식의 지붕 장식)

반두는 담벼락과 처마로 길게 연결되는 것으로, 창첨(戗檐), 발첨(拔檐), 효(枭), 노구(炉口), 혼(混)과 연잎 받침 등으로 구성되어 있다. 그 표현 수법으로는 꽃을 새겨

문(门)

후통에 있는 사합원에서 흔히 볼 수 있는 문은 광량대문(光亮大门), 금주대문(金柱大门), 만자문(蛮子门), 여의문(如义门) 등이다. 이들 중 그 풍채가 가장 위풍당당한 것은 광량대문으로, 문이 넓고 높으며 대문에서 아래 지면으로 이어진 계단과 화려한 조각, 섬돌, 문틀, 문둔테, 상마석 등으로 장식되어 있다. 그 외의 문들은 광량대문에 비해 다소 작고 가볍다. 그러나 양식, 색, 장식의 규격 등은 엄격히 지켰다.

아래로 향하게 한 것이다. 해질 무렵 기와에 석양이 비치면 정말 아름답다.

문잠(门簪)

문잠은 대문 위쪽을 상감 처리한 것으로, 중간 난간에 삽입하여 기둥까지 이어진다. 광량, 금주, 만자 등의 대문에는 4개를 설치하며, 여의문에는 2개를 설치한다. 문잠의 외관과 장식은 변화가 많고, 또 문잠 위에 새겨진 문자는 시대에 따라 다양하게 변화해왔다.

영벽(影壁: 여러 가지 형상을 조각한 담 벽)

속칭 조벽(照壁)이라고도 불린다. 소재 위치에 따라 대체적으로 대문 밖의 일(一)자와 팔(八)자형 영벽, 대문 안의 독립식과 과산식(독립식 영벽보다 약간 작음), 그리고 대문 옆에 위치한 거꾸로 된 팔자 벽 등으로 구분된다. 문안에 담 벽은 원래 음(隐)이라 부르고, 문밖 담 벽은 피(避)라고 불렀는데, 훗날 은피(隐壁)라고 부르다가 현재에 이르러 영벽(여기에서 영은 그림자란 뜻)이라고 부르게 되어 강렬한 장식효과를 지니게 되었다.

문철(门铁)

문철은 원래 호문철(户门铁) 또는 호병엽자(壶瓶叶子)로 불려 이름으로 그 뜻을 유추해 낼 수 있다. 병, 호리병, 여의 등의 조형을 자주 볼 수 있으며 철 못으로 대문 아래에 좌우 대칭으로 고정시킨다. 대문에 물방울 모양의 못을 박아 다양한 무늬를 만든다.

기와(屋瓦)

기와는 모양에 따라 통와와 합와로 구분되며 외관만으로도 쉽게 구분할 수 있다. 통와는 암막새(물이 빠지기 위한 것)와 표면의 무늬를 중시했으며, 합와는 기왓장을 위

문둔테(抱鼓石)

문둔테는 원형과 사각형 두 종류가 있다. 대부분 뛰어난 석조 예술품으로 사람들의 감탄을 자아낸다.

사합원에 가득한 문예의 향기

사합원과 후통은 밀접한 관계가 있다. 사실 사합원은 북경에만 있는 독특한 주거 양식은 아니다. 진령(秦岭), 회하(淮河) 이북의 섬서성(陕西), 산서(山西)와 동북(东北) 지역은 북방 사합원 양식이 발전한 곳이다. 남방 지역의 사합원 역시 일찍이 다른 형식으로 발전되었다. 단지 북경의 사합원 형식이 유명해져 북경 건축의 통칭이 되었을 뿐이다. 북경의 사합원에서 찾아 볼 수 있는 가장 독특한 특징은 서민 문화이다. 사합원 주위의 건물들은 공통적으로 배치되어 있고 바로 이러한 건축 양식이 전체적인 조화를 이루고 있다.

일반적으로 사합원은 대문, 담 벽, 방, 대청, 회랑, 정원 등으로 구성되어 있다.

대문은 등급에 따라 광량대문, 여의문 등으로 나뉜다. 사합원 내의 문은 일반적으로 화려한 수화문(垂花门: 아치형으로 조각이나 단청을 한 문)이고 담 벽은 대문과 마주보도록 쌓았다. 내부로 깊숙이 들어가면 대청이 보이고, 대청이 있는 위치를 중심으로 남과 북 양쪽에 창을 내 손님들과 만남의 장소로 사용하였다.

송경령 옛집 宋庆龄故居

쏭칭링꾸쥐 sòng qìng líng gù jū

🚇 지하철 2호선 积水潭 역에서 하차, 도보15분

🏠 西城区后海北沿46号

📞 (010)6404-4205

🕐 (화~일)10시~16시30분

💲 20元

송경령 옛집의 전신은 순친왕부(醇亲王府)의 화원이다. 민국(民国: 중화민국의 연호, 서기 1911년은 민국 1년) 이후 주은래(周恩来)가 고풍스러운 서양식 2층 건물을 새로 지어 송경령의 거처로 삼았다. 화원은 이로 인해 원래 왕부의 모습을 보존하면서도, 서양식 별장의

독특한 멋을 자연스럽게 보여준다. 송경령은 1963년부터 1981년 사망할 때까지 이곳에 거주했다.

곽말약 기념관 郭沫若纪念馆
꿔모뤄찌니엔관 guō mò ruò jì niàn guǎn

- 버스 13, 107, 111, 118, 810, 823 번 승차, 北海后门에서 하차
- 西城区前海西街18号
- (010)6612-5392
- 화~일:9시~16시30분
- 20元

곽말약(郭沫若)은 그의 생애 마지막 15년을 바로 이곳에서 보냈다. 기념관 중앙에 곽말약부부가 직접 심은 은행나무와 목단이 보이고, 곽말약의 동상이 녹색의 잔디 위에 세워져 있다. 사합원 안 동쪽 행랑채에는 곽말약의 문학, 역사, 고고학, 과학 등 다방면에 뛰어났던 그의 유작들이 진열되어 있다.

노사 옛집 老舍故居
라오셔꾸쥐 lǎo shè gù jū

- 지하철 1호선 王府井 역에서 하차, 북쪽으로 도보10분
- 东城区灯市口西街丰富胡同 19号
- (010)6514-2612
- 화~일:9시~17시30분
- 10元
- www.bjlsjng.com

노사(老舍)는 1950년 미국 여행에서 돌아온 후, 백 필의 포목으로 이 곳을 구매하여 장장 17년을 이곳에서 거주했다. 그의 명저인 〈용수구(龙须沟)〉, 〈방진주(方珍珠)〉, 〈찻집(茶馆)〉 등의 작품들이 모두 이곳에서 집필되었다. 1999년 2월 1일, 노사탄생 백 주년을 기념하여 정식으로 외부에 개방되었다.

매란방 기념관 梅兰芳纪念馆
메이란팡찌니엔관
méi lán fāng jì niàn guǎn

- 버스 22, 38, 47, 105번을 타고 护国寺에서 하차, 도보10분
- 西城区护国寺街9号
- (010)6618-3598
- 화~일:9시~16시
- 10元
- www.meilanfang.com.cn

매란방 기념관은 매란방(梅兰芳: 유명경극배우)의 옛집을 개조해 만든 것으로 전형적인 북경식 사합원 건물이며 1986년 10월 정식으로 외부에 개방되었다. 대문 위의 기념관 편액은 모택동(毛泽东)이 직접 건 것이다. 기념관 안에는 부인 복지방(福芝芳) 여사와 자녀들이 기증한 대량의 귀중한 문물, 문헌들을 소장하기 위해 4개의 전람실을 만들었다.

공왕부 恭王府

꽁왕푸 gōng wáng fǔ

- 버스 13, 42, 107, 111, 701, 118, 810, 823, 850번 승차, 北海后门에서 하차
- 西城区柳荫甲14号
- 8시30분~17시
- 20元
- www.pgm.org.cn

어떤 이는 공왕부를 '일좌공왕부, 반부청명사(一座恭王府, 半部清朝史: 공왕부 자체가 청나라 역사의 절반이라는 뜻)'라고 평가했다.

공왕부는 저택과 화원 두 부분으로 나뉜다. 정원의 조경은 정교하고 세밀하여, 명 말부터 청 말까지 역사의 축소판이라 해도 무방하다. 중국 4대 고전소설로 유명한 홍루몽(红楼梦) 중의 대관원(大观园)과 영국부(荣国府)가 바로 이곳의 췌금원(萃锦园)이라고 전해진다. 공왕부의 화원은 중(中), 동(东), 서(西)의 3가지 길로 나뉜다. 동로(东路)는 죽자원(竹子院)과 대희로(大戏楼)로 구성되어 있다. 서로(西路)는 호수를 중심으로 이루어져 있다. 화원의 장식과 배치 모두 화신(和珅: 청나라 건륭황제 때의 탐관오리)이 세력을 과시한 결과물이라 할 수 있다.

↑복지 蝠池

복지는 그 형상이 마치 양 날개를 펼치고 있는 박쥐와 같다고 해

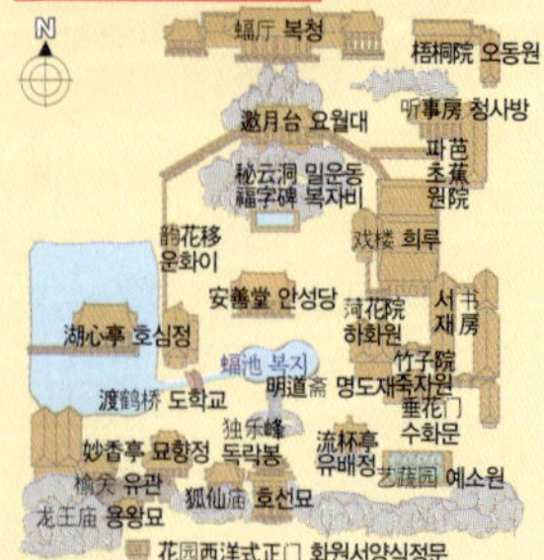

서 지어진 이름이다. '박쥐 복
(蝠)'자는 '복 복(福)'자와 중국
어 발음이 같으며 길하고 운
이 좋다는 뜻을 내포하고 있
다. 췌금원의 중심부에는 연
못, 박쥐 장식의 격자창, 건물
과 건물을 연결한 긴 회랑이
있다. 전설에 의하면 정원 전
체에 모두 9999 마리의 박쥐
형상이 있고, 밀운동(秘云洞)
내에 숨겨진 「복자비(福字碑)」까지
합친다면 만복(万福)이라는 뜻을
지니게 된다고 한다.

요월대 邀越台

　요월대와 그 위에 있는 녹천소은
(绿天小隐) 대청은 공왕부 화원의
최고 백미라고 할 수 있다. 인공 산
을 쌓아 만든 적췌암(滴萃岩)과 밀
운동(秘云洞) 위에 위치하며 양쪽
에 있는 등산 회랑과 요월대 밑에
있는 건축물을 서로 연결시켰다.
이 회랑은 승승장구하는 것을 상징

하기 때문에 반드시 낮은 곳
에서 높은 곳으로 올라가야 한
다고 한다.

복자비 福字碑

　청나라의 가경황제가 실권
을 장악한 후 얼마 되지 않아
바로 화신의 모든 재산을 몰
수해 국고로 들였다. 단 강희
황제의 친필로 새긴 복자비
는 옮길 수 없다 하여 예외
가 되었다. 복자비는 원래 자금성
내에 있던 것인데, 화신이 환관과
내통하여 궁에서 훔쳐와 본인의 집
화원에 숨겨놓았다고 전해진다.

⇒복청 蝠厅

복청은 좌우에 각각 연결된 3개의 사랑채가 있다. 또 앞뒤로 3칸의 뒤채가 있으며 그 형상이 박쥐같다 하여 복청이라 불린다. 목조기둥 위에 노랑, 연두, 초록의 대나무 마디를 그려 넣어 강렬한 인상을 준다.

⇓수화문 垂花门

사합원 입구의 수화문은 췌금원의 3대 절경이다. 겁 없이 함부로 전횡을 일삼았던 화신이 황궁에서만 사용할 수 있는 장식들을 전부 본인의 저택으로 옮겨와, 가경황제 등극 이후 화신을 사형에 처할 빌미가 되었다.

⇒동문, 죽자원 洞门 , 竹子院

죽자원, 하화원과 연결되어 있는 원형 동문은 수화문 방향에서 보면 더 아름답다. 죽자원은 홍루몽의

⇑유배정곡수 流杯亭曲水

유배정의 곡수는 췌금원의 3대 절경 중의 하나이다. 대 서예가인 왕희지(王羲之)가 유배정 내에서 곡수 연회를 연 것을 화신이 모방하여 만든 것이다. 그러나 교활했던 화신은 반드시 하석에 앉았다고 한다. 아래 자리에 앉으면 그만큼 시나 문장을 구상할 시간이 많기 때문이다. 또 하석에서 보면 물이 흐르는 모양이 마치 한자 '寿(수명, 장수를 상징)'자를 보는 것 같으니, 그가 왜 하석을 고집했는지 말하지 않아도 알 수 있다.

주인공 임대옥(林黛玉)이 살았던 소상관(瀟湘馆)이라고 전해진다.

⤊대희루 大戏楼

대희루는 공친왕 혁소(恭亲王奕䜣)가 새로 보수한 것으로, 전형적인 중국 전통 공연건물이다. 혁소의 손자이면서 유명한 화가인 부유증(溥儒曾)은 어머니의 생신 축하를 위해 당시 유명한 경극 대가인 매란방과 정계(程继)를 이곳으로 초청해 〈기쌍회(奇双会)〉를 공연했다.

⤋호심정 湖心亭

화원 서로(西路)는 수경 위주이다. 건축물이 많지 않아 작은 호수가 아주 넓어 보인다. 호심정은 호수 위에 있기 때문에 예전엔 건너가려면 배를 타야 했지만, 현재는 방문객의 편의를 위해 다리를 놓았다.

골동품 쇼핑

북경은 국제도시이며 세련된 명품이 넘쳐나는 쇼핑의 천국이다. 반면 천여 년 동안을 이어온 중국의 수도로 중국풍의 고급스런 골동품들이 많이 모여 있는 곳이기도 하다. 북경은 동서양의 현대적인 신상품과 골동품이 함께 어우러져 있어 쇼핑 애호가들에게 즐거움을 선사한다. 중국 전통 물건을 구매하고자 한다면, 유리창 문화거리와 골동품 시장 그리고 반가원의 재래시장에 꼭 가보자. 냄비, 그릇, 표주박 등의 식기류에서 석고(石鼓)에 이르기까지 훌륭한 중국 예술품을 감상할 수 있다.

⬆경태람

경태람은 중국전통 공예의 완성이다. 먼저 적동을 이용해 틀을 만들고 가는 동선을 도안에 붙인 다음, 남색 위주의 유약을 도안 중에 상감 해 넣고 반복적으로 소결하여 광택을 낸다. 청동, 자기공예를 이용하기도 하고, 전통회화와 조각기술을 융합하기도 한다.

⬆자기

중국 자기는 세계적으로 유명해 서양 수집가들이 가장 애호하는 품목이다. 그 중, 경덕진(景德镇)에서 생산되는 도자기가 대표적이다.

➡비단

중국 비단은 천년의 변화를 거치는 동안 견, 다마스크 등 십여 종의 원단을 만들어 내며 발전을 거듭해왔다. 가볍고 부드러운 재질로 기품 있고 우아한 스타일을 표현할 수 있는 중국의 대표적인 특산품이다.

➡연

주로 군사적인 목적으로 사용되었던 중국 연은 유구한 역사를 가지고 있다. 그 형태 또한 매우 다양한데, 곤충, 조류, 중국지형 등의 도안이 가장 인기가 많다.

⇨ 수예품

섬세한 자수 공예는 화초, 곤충, 조류, 자연풍경 등 자연을 소재로 한 도안이 많다. 그리고 단면 자수, 양면 자수, 입체자수, 양면 이형 자수 등 서로 다른 자수법은 도안에 생명을 불어넣어 마치 살아 있는 듯하다.

⇦ 코담배 병

코담배는 과거 북경 사람들에게 있어서 필수불가결한 물품이었다. 후에 코담배를 담는 병에 그림을 그려 넣는 등 점차 정교하게 발전되어 가면서 소장가치를 지닌 예술품으로 변신했다.

⇧ 옥 조각

옥은 옛날부터 지금까지 신분과 지위를 상징하는 물건이다. 전통 옥공예의 정신을 이어받아 장인들은 옥석의 형태나 색깔을 이용해 흠 없이 깨끗한 예술품으로 재탄생시키고 있다.

⇩ 모형 청동기

중국의 청동기는 중국 역사의 증인이다. 독특하며 예술 감각이 뛰어난 아름다운 문자, 수형도안 등을 정(鼎: 고대에 물건을 삶거나 익히는 데 사용, 원형으로 주로 다리가 셋에 양쪽에 두 개의 손잡이가 있음)이나 작(爵: 고대에 사용하던 발이 셋 달린 술잔이나 술그릇) 위에 장식했다.

⇦ 도장

도장은 중국 전각 예술의 백미이다. 날카롭고 소박한 전각공예는 중국 문자의 토템(totem) 신앙을 잘 표현하고 있다.

⇨ 중국 전통극의 얼굴 분장

중국 전통극의 얼굴 분장은, 색깔이나 윤곽선의 차이에 따라 인물의 구체적인 특징을 반영하고 있다.

⇩ 골동품

북경은 유명한 골동품이 가장 많이 모여 있는 도시이다. 골동품 애호가들에게는 탁월한 선택이 될 것이다. 일반 서민들이 사용하던 오래되고 낡은 물건들이나 국영도요지의 자기 혹은 황족의 물품 등 다양한 물건들이 있다. 북경에 가서 보물을 찾아보자!

북경 황성

중심구역

북경의 중심

북경 중축의 범위는 정양문(正阳门)에서 시작하여 지안문(地安门), 종루(钟楼), 고루(鼓楼)까지를 말하며 자금성(紫禁城)의 3대 대전과 3대 궁전으로 이어져 있다. 신무문(神武门)을 지나 경산(景山)에서부터 종루, 고루까지의 길이 어도(御道: 황제들이 친히 걸어 다니는 길)이다. 정치의 최고 중심지인 중남해(中南海) 입구가 바로 장안가북신화문(长安街北新华门) 내에 위치해 있으며 거리 전역에 5성급 호텔, 은행, 쇼핑광장이 밀집해 있다. 그야말로 북경의 정치, 경제, 문화가 한 곳에 모여 있는 심장부라 할 수 있다.

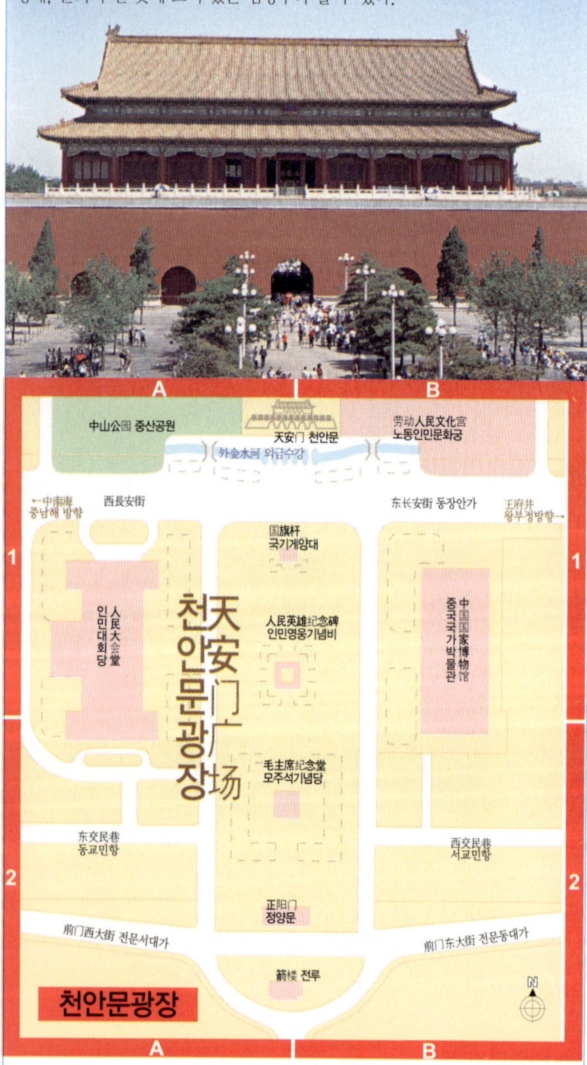

◉ 명소

천안문 광장 天安门广场

티엔안먼광창 tiān ān mén guǎng chǎng

● P11D3

● 1.지하철 1호선 天安门东 역 또는 天安门西 역에서 하차
2.지하철 2호선 前门 역에서 하차

● www.tiananmen.org.cn

천안문 광장은 세계에서 가장 큰 도심 광장이다. 남북으로 길이가 880m, 동서로 넓이가 500m나 되며 동시에 100만 명을 수용할 수 있다. 광활한 광장 내에는 국기 게양대, 인민영웅 기념비(人民英雄紀念碑), 모주석기념당(毛主席纪念堂), 정양문, 전루(箭楼) 등이 있다. 바닥에는 모두 화강암을 깔아 중후한 느낌을 준다. 천안문 광장 양쪽에는 인민대회당과 중국국가박물관이 위치해 있다.

부근의 장안가(长安街)에는 웅장

한 천안문, 금수교(金水桥) 및 노동인민문화궁(劳动人民文化宫), 중산공원(中山公园)이 모여 있어 북경에 오면 결코 지나칠 수 없는 관광명소 중 하나이다.

인민대회당 人民大会堂

● 북경천안문광장서쪽

● 1~3월, 12월: 9시~14시
4~6월: 8시15분~15시
7~8월: 7시30분~16시
9~11월: 8시30분~15시
중요회의가 열릴 경우에는 대외개방 금지

● 성인–30元, 학생–15元(티켓은 대회당 남문 동쪽에서 판매)

인민대회당은 북경 천안문광장 서쪽에 위치해 있다. 중국정부가 전국인민대표대회 및 중국 인민정치 협상회의를 열어 국가의 정치, 외교를 진행하는 주요장소이다. 건국 10주년 기념으로 시공에 착수해 1959년에 완공하였다. 건물 면적은 17만㎡에 이르며 고궁보다 더 규모가 크다. 건축 당시에 세계 건축 역사상 가장 짧은 시간에 완공한 기록을 세웠다. 설계, 기획에서부터 완공, 검수까지 10개월 만에 모든 일정을 마쳤으며 자재들도 모두 중국산을 사용했다.

인민대회당은 동서양의 융합은 물론 과거와 현재가 잘 어우러진 건축예술품이다. 지붕은 중국식 색채유리를 끼워 넣어 웅장하고 화려하다. 정면으로 서 있는 25m 높이

의 대리석 기둥은 범상치 않은 패기를 느끼게 하며 로비 바닥의 연분홍색 대리석과 천장의 큰 수정등이 보는 이를 압도시킨다.

↑중국국가박물관 中国国家博物馆

🏠 东城区东长安街16号

🌐 www.nationalmuseum.cn

중국국가박물관은 2003년 2월 28일에 설립되었다. 이전에는 중국개혁박물관 또는 중국역사박물관이라고 불리기도 했다. 종합 박물관으로서 중국의 고대에서부터 현대를 넘나드는 진귀한 역사 및 예술품이 소장되어 있다. 이곳에 가면 산동용산문화의 박태고병도배(薄胎高柄淘杯)를 볼 수 있을 뿐 아니라 주은래가 직접 쓴 인민영웅기념비문도 볼 수 있다. 현재까지도 고고학, 연구, 전시 등의 활동은 계속 활발하게 이어지고 있다.

⬇모주석기념당 毛主席纪念堂

🏠 천안문 광장 중앙

📞 (010)6513-2277 #80, 81

🕐 화~일: 8시30분~11시30분
　　화, 목: 14시~16시

💲 무료

모주석기념당은 천안문 광장 인민영웅기념비 남쪽에 위치해 있다. 전체 면적은 6만㎡에 가까우며 건물은 사각형으로 지어져 있다. 1976년 11월에 시공하여 6개월 만에 완공되었다. 모택동 유체를 보려면 북쪽 로비로 진입하여 로비 중앙에 높이 약 3m의 모택동 좌상을 지나 참배 홀로 들어간다. 홀 정중앙에 있는 수정관 안에 그의 유체가 있다.

기념관으로 들어가면 모택동, 주은래, 유소기(刘少奇), 주덕(朱德), 등소평(邓小平), 진운(陈云)의 기념실을 참관할 수 있으며 기념실 안에는 다수의 그림과 문헌이 전시되어 있고 다양한 멀티전시물도 설치되어 있다. 2층에 있는 영화관에서는 모택동 다큐멘터리를 상영하고 있다.

➡ 노동인민문화궁(태묘) 劳动人民文化宫

🏠 동성구 천안문 동쪽

☎ (010)6525-2189

🕐 화~일: 8시30분~11시30분
화, 목: 14시~16시

💲 성인-2元, 학생-1元

🌐 www.bjwhg.com.cn

　노동인민문화궁의 원래 명칭은 황가성태묘(皇家城太庙)다. 명·청 양대를 걸쳐 선대황제를 제사하던 종묘로 1420년에 고궁, 사직단(社稷坛)과 함께 건축되었으며 자금성의 중요한 건물이다. 황실의 종묘이기 때문에 건축 당시 상당한 신경을 썼다. 그 기세가 웅장하며 장대함과 엄숙함이 깃들여져 있어 중국에서 현존하는 고대 건축물 중에 가장 완벽하게 보존되었다고 할 수 있다.

　중화인민공화국 설립초기에 주은래가 시민들의 자기개발과 휴식을 위한 공간을 제공한다는 취지하에 건의하여 태묘를 북경 노동인민문화궁으로 개명하고 편액은 모택동이 친필로 썼다. 이곳에서는 문화체육활동, 예술 공연 및 전람회를 항상 개최하며 각종 강연도 들을 수 있다.

⬇ 중산공원(사직단) 中上公园

🏠 동성구 천안문 서쪽

🕐 4, 5, 9, 10월: 6시~21시
6~8월: 6시~22시
11~3월: 6시30분~20시

💲 성인-3元, 학생-15元

🌐 www.zhongshan-park.cn

　중산공원은 천안문 광장 서쪽과 노동인민문화궁을 마주보고 있는 위치에 있다. 이곳은 원래 명·청 황제들이 토지와 오곡 신에게 제사를 지내는 사직단이었는데 중국정부가 손중산(孙中山: 중국의 국부라고 일컬어지는 정치혁명가)선생의 업적을 기리기 위해 1914년 공원으로 재건했다.

　전체 공원 면적은 24㎡이며 명·청 때 지어졌던 사직단, 배전(拜殿), 극문(戟门) 대부분이 그대로 보존되어 있다. 공원 내에 명나라 때 심었던 나무들이 여전히 건재하고 있으며 600년의 역사를 가지고 있는 진귀한 산물이다. 그중에 남단문(南坛门) 밖으로 7그루의 측백나무, 화나무가 서로 엉켜있는 홰백합포(槐柏合抱)가 가장 유명하다. 공원 내에는 음악회장이 있어 현재 북경의 중요한 음악공연장으로 사용되고 있다.

천안문 天安门

티엔안먼 tiān ān mén

- P11D3
- 지하철 1호선 天安门东 역 또는 天安门西 역에서 하차
- 8시30분~17시
- 성인-15元, 학생-5元
- www.tiananmen.org.cn

황사성 皇史宬 황스청 huáng shǐ chéng

- 南池子大街136号
- 9시~17시

천안문은 명·청조의 황성 정문이다. 성벽은 어두운 붉은색의 겹처마에 맞배지붕(지붕의 완각이 수직으로 잘려진 지붕)으로 엄숙하며 장엄한 황가의 기품을 나타내 주고 있다. 황색유리 기와의 천안문 성루는 높이 33.7m, 넓이 66.77m, 깊이 27.25m로 황제가 천하의 지존이라는 것을 나타내기 위해 큰 규모로 건축되었다. 대전은 청나라 건축 채화 중 최고급에 해당하는 금룡화새채화(金龙和玺彩画: 단청에 금박과 금니로 용의 도안을 그려 넣는 건축 채화)가 그려진 화려한 기둥과 들보가 지탱해 주고 있으며 두공(큰 규모의 목조 건물에서 기둥 위에 지붕을 받치며 차례로 짜 올린 구조)과 천장은 매우 화려하다. 성대에는 5개의 문이 열려져 있는데 중간 문이 가장 크며 바깥으로 갈수록 좁아진다. 이는 중문이 바로 황제가 지나가는 곳이기 때문이다. 단 예외가 있다면 국혼을 거행할 때 황후와 그 부모들, 또는 과거에 급제한 장원이 입성할 때 중문을 지나갈 수 있었다. 중문 좌우의 문은 황족, 귀족 및 3품 이상의 문무관들이 사용하게 되어 있었다.

천안문 앞에는 호성강(护城河)과 외금수강(外金水河)이 흐르고 있는데 이 강 사이에는 용을 조각한 7개의 금수교가 있고 앞뒤로 청동사자가 지키고 있다. 문 안팎으로는 화려한 장식을 해놓아 황제의 무한한 위엄을 나타내고 있다.

천안문을 설계한 괴상(蒯翔)은 강소성(江苏省) 오현(吴县) 사람으로 뛰어난 설계도와 세밀한 공예기술로 황궁 건축 설계자로 뽑히게 되었다. 성루의 큰 대전은 이층으로 기와를 쌓았고 대전 안팎에는 직경 2m의 큰 기둥 60개를 세웠다. 창문, 들보, 두공 할 것 없이 모두 금룡화새채화로 가득 메웠다. 만약 더 자세하게 감상하고 싶다면 성루를 올라가 보는 것도 좋다.

↑돌사자 石狮

보통 정문 양쪽으로 암, 수컷 사자가 있는 것이 관례이다. 그러나 천안문 앞에는 4마리나 배치되어 있으며, 그중 2마리는 금수강(金水河)의 남북쪽을 지키고 있다.

↓성문 城门

천안문은 황성의 정문이다. 오문삼조(五门三朝: 중국고대서에서 전해 내려오는 궁궐건축의 기준)에 의하면 고문(皋门)에 속한다. 이곳은 명나라 때 조서를 반포하는 장소였다. 성대 밑으로 5개의 성문이 있으며 중간이 가장 큰 문이고 바깥에 있는 문이 제일 작다.

↓화표 华表

천안문 안팎으로 4개의 화표가 있다. 화표는 원래 간언목(诽谤木: 간언하고 싶은 말을 쓰도록 한 나무) 또는 화표목(华表木)이라 하여 일반 백성들이 황제에게 간언할 때 사용했던 것이다.

훗날에 주요 도로의 교통 표지로 사용되다가 시간이 흐르면서 원래의 용도 목적이 사라지고 건축용 장식으로 탈바꿈하게 되었다.

⬆️금수강·금수교 金水河·金水桥

아치형의 금수교는 금수강 위에 모두 7개가 병렬되어 있다. 그 중 중간에 위치한 5개의 다리는 성루와 마주보고 있다. 중간에 위치한 다리를 어교(御桥)라고 부르는데 이곳은 황제 전용 다리이기도 하다. 양 옆에 용을 조각한 19개의 망주두(望柱头) 난간이 있다. 망주두의 용 조각은 상당히 정밀하다. 이것은 원나라 때 유명한 석공이었던 양경(杨琼)과 그 가족이 만들어낸 걸작이다. 청나라의 강희황제가 금수교를 재건할 때 양경의 원본을 기초로 만들어 최고 수준의 가치를 보존하고 있는 것이다. 오문(午门)의 북쪽에도 금수강 및 금수교가 있어 습관적으로 천안문 앞쪽을 외금수강(外金水河), 외금수교(外金水桥)라고 부르며 오문 북쪽을 내금수강(内金水河)과 내금수교(内金水桥)라 한다.

⬆️성루 城楼

천안문은 성루면적이 9칸이며 대전지붕은 이층 기와 형식이다. 9는 양수(阳数) 중의 천수(天数: 완벽한 숫자)를 말한다. 그것은 숫자 음양설(阴阳说)에 의거한 것으로 단수가 양(阳)의 가장 큰 숫자이기 때문에 면적이 9칸이라는 것은 천안문 성루의 중요성을 나타내는 것이다.

⬅️단문(궁중 앞에 있는 정문) 端门

천안문 북쪽의 단문은 오문삼조의 제문(制门)인 무기고 문으로 형태는 천안문과 비슷하다. 9칸 넓이의 대전은 홍성대(红城台)에 위치해 있으며 역시 이층 기와 형식이다. 하지만 금수강, 돌다리, 화표, 돌사자가 없다.

⬆ 남지자대가 南池子大街

　고궁박물관과 중해(中海) 사이에 있다. 북장가(北长街)와 남장가(南长街)가 있으며 청나라 때 황성의 일부였다. 광서황제 때는 남지자(南池子)라고 부르다가 1965년 이후 이곳의 장고(章库), 석두봉(石头缝), 전창(箭厂), 풍가(冯家), 남정(南井), 양권(羊圈), 민성(民声) 등의 후통과 병합되어 남지자대가(南池子大街)로 부르게 되었다.

　현재 남단의 우랑교(牛郎桥)에는 여전히 청나라의 성문이 있으며 그 위에 '남지자(南池子)'란 세 글자가 새겨져있다.

⬇➡ 황사성 皇史宬

　황사성은 명·청의 황실자료관이다. 일반적으로 사람들은 '표장고(表章库)'라고 알고 있다. 명나라 가정황제 15년 7월에 지어졌는데 8460㎡의 대지에 세워진 건물면적은 3400㎡나 된다. 1492년에 문연

각 대학사(大学士)인 구준(丘浚)이 건축을 건의하였고 고대 '금궤석실(金匮石室)'을 모방하여 지은 뒤 황실의 자료들을 보관하였다. 황사성은 벽돌로 구성되어 있고 대전 안의 로비에는 들보나 기둥도 없이 1.42m 높이의 돌 받침대를 만들었다. 이는 화재 발생 예방과 방습 및 방충효과뿐만 아니라 겨울에는 따뜻하고 여름에는 시원한 효과도 있다. 실내의 두 돌 받침대에는 152개의 용 조각을 도금한 '금궤(金匮)'가 놓여있다.

고궁 故宫

꾸꽁 gù gōng

P11D3

지하철 1호선 天安门东 또는 天安门西 역에서 하차

东成区景山前街4号

(010)8511-1576

4~10월: 8시~17시
11~3월: 8시30분~16시30분
폐문 1시간 전에 티켓 판매 중지

〈비수기〉11~3월: 성인-40元
〈성수기〉4~10월: 성인-60元

www.dpm.org.cn

태화문(太和门)로비 양옆에 중, 영문 안내도 설치

〈관람코스〉

1.금계어도(金阶御道)→중로(中路)→전삼전(前三殿)→후삼궁(后三宫)→어화원(御花园)

2.내서로(内西路) 또는 내동로(内东路)→동서육궁(东西六宫)

3.외동로(外东路)→보물관(진귀한 유물 감상)

〈가이드 헤드폰 대여: 한국어,

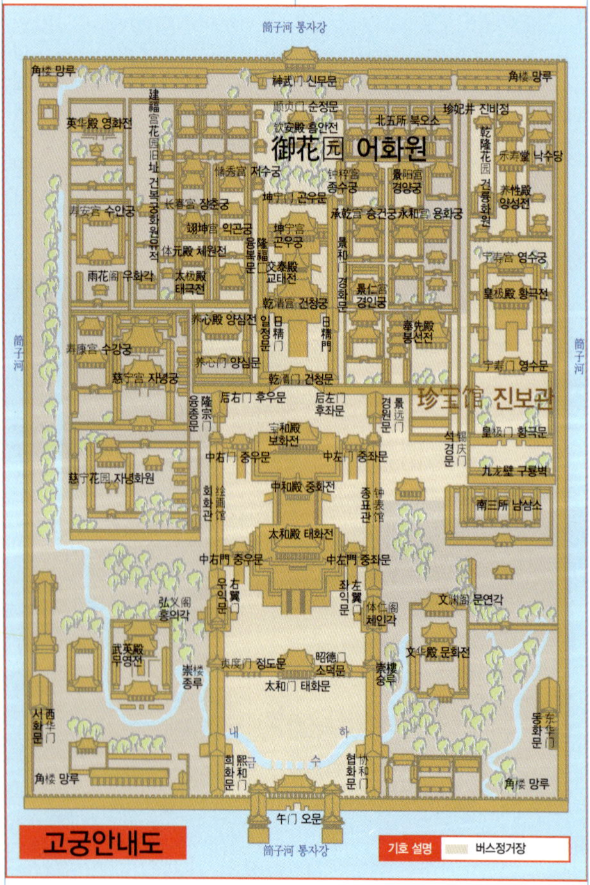

고궁안내도

기호 설명 　버스정거장

영어, 중어, 일어, 불어〉
1.대여 장소: 오문(午门)광장,
반납장소: 신무문(神武门)앞
기념품 판매점
2.보증금–200元, 대여료–20元
〈주의사항〉입장 시 큰 가방 반
입 금지(보관함 이용)

고궁의 원래 명칭은 자금성(紫禁城)이다. 현재는 고궁의 기능도 황궁에서 고궁박물관으로 바뀌었다. 이곳은 백만 가지의 진귀한 역사 문헌들이 소장돼 있는 훌륭한 궁전 건축물로 명·청을 이어온 황제들이 모두 황성 내의 자금성에서 살았다.

황성은 북경 정중앙에서 약간 남쪽에 위치해 있으며 남문 정문을 천안문, 북쪽을 지안문(地按门), 동쪽을 동안문(东安门), 서쪽을 서안문(西安门)이라 칭하였다. 그밖에 오문(午门), 신무문(神武门), 동화문(东华门), 서화문(西华门) 등 모두 4개의 문이 더 있다. 성 밖에서 안으로 들어와 황제를 알현하려면 먼저 정양문, 천안문, 단문, 오문을 지나 자금성으로 들어간다. 여기서 다시 이전의 조정이었던 태화문(太和门)을 지나야 황제의 정침(正寝)인 건청궁(乾清宫)에 도착하게 되는데 건청궁에 이르기까지 모두 7개의 문을 통과해야한다. 이것은 북두칠성을 상징하는 것으로 고대 중국인들의 미신에 따른 것이다.

그럼 자금성이라는 이름은 어떻게 만들어진 것일까? 고대 천문학자들은 북두칠성의 주가 되는 자미성(紫微星)이 하늘 한 가운데 영원히 변하지 않는 천제(天帝)의 천궁(天宫)에 위치한다고 믿었다. 황제는 바로 천자(天子)이며 황궁은 천상의 자궁(紫宫)과 같다고 여겨 자금성이라고 부르게 된 것이다.

높은 담으로 둘러있는 황궁은 경비가 삼엄하여 일반 백성들이 함부로 출입할 수 없었다.

고궁박물관은 1961년 중국국무원에서 처음으로 '전국주요보호문화유산'으로 발표했으며 1987년에는 유네스코에 '세계 유산'으로 등재되었다.

오문은 돈대(墩台)와 성루(城楼)로 이루어져 있으며 정문에서 바라보면 凹자 형태를 띠고 있다. 이것은 '궐(阙)'과 '관(观)'의 규칙에 따른 것이다. 정면에는 굉장히 큰 성문이 있으며 양측에 각각 13개의 낭하가 있는데 이 낭하의 양단에는 겹처마와 끝을 곧추세운 사각정(方亭)이 있다. 면적 60.05m, 깊이 25m의 중앙 문은 황제가 천하의 지존이라는 상징이다. 지붕은 겹처마 대전 지붕을 사용하였으며 높이는 지면에서 지붕의 잡상까지 모두 37.95m이다. 이것은 태화전과 거의 비슷한 규모이며 이 오문이 얼마나 중요한 위치에 있는지 보여주는 것이다. 오문은 매년 음력 섣달 1일에 시행하는 '반삭(颁朔: 달력 반포)'과 '헌포례(献俘礼: 전쟁이 끝난 후 포로를 종묘에 바치는 예)' 등 국가의 중요한 의식이 열리는 장소로 사용되었다.

명·청 때 중죄인을 참수하는 장소로도 알려져 있지만 사실 명나라 때 오문 앞에서는 단지 '정장(挺仗: 우리나라의 태형과 비슷하다. 황제가 죄인에게 매질을 하는 것)'을 집행했을 뿐이며 오문에서 참수를 한 전례는 전혀 없었다고 한다. 부드러우면서 웅장한 건물을 짓기 위해 누각을 높고 크게 만들어 비첨이 산봉우리처럼 우뚝 솟아 보인

다. 덕분에 오문은 '오봉루(五峰楼: 5개 봉우리 성각)'란 별칭까지 얻게 되었다. 지금은 고궁 입장 티켓 판매소가 설치된 출입문이 되었다.

⇩ **중로** 中路

중로는 자금성의 중심에 세워진 건축물들이 모여 있는 곳으로 북경성의 중축선도 이 건축물들을 지나 어화원을 통과하여 신무문으로 나가 경산, 시계탑, 고루에 이른다.

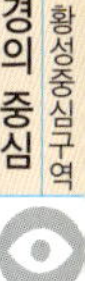

큰 제전을 거행하기 전에, 먼저 이 건청궁을 거쳐 출궁을 했다. 황제의 사후에도 영구를 며칠 동안 건청궁에 안치했는데 이는 천수를 다 하였음을 알리는 것이었다.

외조 3대전(태화전, 중화전, 보화전)과 내정 3궁(건청궁, 교태궁, 곤녕궁)으로 구성되어 있으며 지붕의 형상과 구조, 동물 형상의 조각품, 대전 앞의 장식 등은 모두 기타 궁전 건축물보다 뛰어난 것들이다. 특히 대전인 태화전의 겹처마 무전식 지붕, 높이3m, 무게4톤의 정문, 9마리의 동물, 석상 동정(铜鼎), 도량을 측정하는 가량(嘉量:땅의 도량을 측정하는 도구), 해시계, 11칸의 면적, 용무늬로 장식된 아치형 천장, 용의 형상이 새겨져 있는 금기둥, 금문, 무늬를 새긴 금창 등은 태화전이 세상에서 가장 높고 큰 금란전(金銮殿: 궁 안에 있던 높고 큰 건물)임을 상징하고 있다.

내정 3궁 중에 건청궁은 황제가 정무를 보던 곳으로 황제는 나라의

← 동로 东路

동로는 외동로(外东路)와 내동로(内东路)로 구분된다. 명나라 영락황제는 자금성을 건축할 때 내징(内庭)을 3:2의 비율로 설계했다. 동서 가로 폭이 450m이며, 남북 세로 길이가 310m로 총면적은 14만㎡이다. 동서 6궁 일대의 전각을 '액정(掖庭)'이라 불렀는데, 바로 비빈, 궁녀들이 거처하던 정전 옆에 있는 궁전을 말하는 것이다. 동6궁은 경인궁(景仁宫), 연희궁(延禧宫), 승건궁(承干宫), 영화궁(永和宫), 종수궁(钟粹宫) 그리고 경양궁(景阳宫)으로 이루어진다. 고궁박물관으로 바뀐 뒤 고대 예술품과 명·청의 궁전 역사 문화재가 진열되어 있다. 외동로 구룡벽의 남쪽에는 황자들의 거처인 남3소가 있고, 북쪽의 전각인 황극전(皇极殿),

영수궁(宁寿宫) 등은 건륭황제가 황위를 양위한 태상황들을 위해 건축한 것이다. 그리고 속칭 건륭화원은 영수궁의 화원을 말한다.

⬆ 서로 西路

영수궁(永寿宫), 태극전(太极殿), 우곤궁(祤坤宫), 장춘궁(长春宫). 저수궁(储秀宫)과 함복궁(咸福宫) 등이 있다. 청대 유명한 후궁들이 거주했을 당시의 모습이 그대로 보존되어 있다. 특별히 서태후가 거주하던 저수궁과 홍루몽의 벽화로 유명한 장춘궁은 사람들의 주목을 받는 대표적인 전각들이다.

➡ 각루 角樓

자금성 방어를 목적으로 성벽 네 모퉁이에 독특하고 복잡한 모양의 각루를 세웠다. 비록 방어용 건물이라 하더라도 구조의 정교함, 그리고 조형의 세밀함과 화려함이 뛰어나다. 중앙은 3칸 넓이에 3겹처마 지붕의 방형 건물이고, 맞배지붕이 서로 교차된다. 누각의 사면에는 복도가 있는데 모두 지붕으로 사용되었다. 두 면은 밖으로, 두 면은 안쪽으로 향해 있다. 그 중 성벽까지 연결된 두 면이 성벽 밖 양 쪽 끝단의 양면보다 더 길어 건축물에 안정감을 더했다. 28개의 방과 72개의 용마루가 서로 교차되는 모습이 고대 그림 속의 황학루(黄鹤楼) 또는 등왕각(滕王阁)을 연상시킨다. 가히 중국 고전건축의 백미라 할 수 있다.

⬆ 어화원 御花园

어화원은 건물의 단정함과 경건함을 모두 고려한 황실의 화원이다. 지형을 자연스럽게 이용하고, 송백, 홰나무, 고목, 인조산과 분재

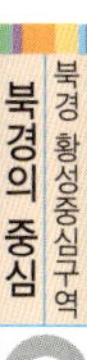

명소

「영항」 장가 永巷 · 长街

동서6궁은 몇 개의 삼합원(三合院)이 합쳐진 건축물이라 할 수 있다. 각 삼합원은 거주하는 자의 신분에 따라 궁 하나를 차지하거나, 복수의 궁을 차지했다. 삼합원은 대부분 본채 1개, 사랑채 2개, 정원 2개로 구성되어 있다. 사방은 모두 담장이며, 전방 건물의 맞배지붕 양측에는 담을 세워 앞 건물과 구분하고 측문을 만들었다. 각 정원마다 따로 단독 우물이 있어 독립된 생활공간이 형성되며 신분에 따라 출입문이 달라진다. 남북 세로 방향으로 장가(기다란 길)가 형성되었고 이를 영항(원래는 궁녀들이 살던 곳이었으나 후에는 죄를 지은 비빈을 감금하는 곳으로 사용되었음)이라 부른다. 영항은 모두 4개로 동일장가(东一长街), 동이장가(东二长街), 서일장가(西一长街), 서이장가(西二长街)로 나뉜다.

등을 이용하여 맑고 아름다운 화원을 창조했다. 어화원은 흠안전(钦安殿)을 중심으로 건축되었다. 화원의 북쪽은 붉은 담과 푸른 나무 사이의 퇴수산(堆秀山)과 연휘각(延晖阁)이 우뚝 솟아 있어 성벽, 성루 등의 외부 건물이 자연스럽게 차단되고 있다. 동서를 구분하는 만춘정(万春亭)과 천추정(千秋亭)은 화원 내의 초점이다. 아치형 지붕도 장엄하고 우아하다. 어화원의 건축물은 다른 전각들과는 달리 정교하며 인간미가 느껴진다. 가장 특별한 것은 작은 조약돌들로 만들어진 석자로(石子路)이다. 조약돌을 이용해 인물, 산수 등의 그림을 표현한 돌길로 건축물들이 서로 연결되어 있어 걸음을 걸을 때마다 더욱 깊이 매료된다.

신무문 神武门

겹처마 지붕으로 건축된 신무문은 자금성의 북문으로, 현재 고궁박물관의 후문이다. 과거 황제의 후궁들이 외출하거나, 서쪽 궁정으로 가고자 할 때, 이 신무문을 통해 출입을 했다.

중로외조삼대전
中路外朝三大殿

쫑루와이차오싼따띠엔
zhōng lù wài cháo sān dà diàn

P38

중로는 자금성의 중심에 지어진 건축물들을 말한다. 북경성의 중축도 역시 이들 건축물들을 지난 후, 어화원을 거쳐 신무문을 나와 경산, 종탑, 고루에 이른다. 그 중 태화전, 중화전, 보화전은 외조의 3대전으로 자금성 내에서 규모가 가장 큰 건물들이다. 「土」자 형 토대 위에 3층 수미좌식을 기초로 건축되었다. 음양오행사상에 의하면 「木火土金水」 중 으뜸은 「土」이며, 3대전을 「土」자형 토대 위에 건축한 것은 이곳이 바로 천하의 중심이라는 뜻을 내포하고 있다. 3대전 중 최고의 명당은 보화전으로 풍수지리설의 용맥에 해당한다. 간단한 단층 처마 형식의 구조, 가로 세로 각각 3칸, 사면이 투명문과 창으로 열려있는 점 등을 보면 모두 고대 명당 건물의 건축기준을 따른 것임을 알 수 있다.

태화전 太和殿

사람들이 흔히 말하는 금란전(金鑾殿)은 바로 이 태화전을 일컫는 말이다. 태화전은 정면에 12개의 붉은 원형 기둥이 있고, 겹처마 지붕으로 지어진 최고급 건축물이다. 전의 앞뒤로 40개의 금 문과 16개의 금 창문이 있다. 전 내에 아름드리 큰 나무가 48그루, 전 중앙의 높은 단상에는 병풍, 궁선, 보좌를 설치했다. 보좌 옆에는 용을 조각한 금 기둥이 6개가 있고, 기둥 위 천장 상부에 화재를 예방하면서도 장식적인 기능을 지닌 소란반자(藻井)가 설치되어 있다.

어문청정 御門聽政

태화문은 자금성에서 가장 크고 화려한 문이다. 태화문의 양 옆에는 황제의 권위를 상징하는 암수 한 쌍의 청동사자가 자리 잡고 있다. 태화문은 1420년에 완공되었으며, 황제가 국정 업무를 보던 장소였다. 그러나 영락황제가 북경으로 천도한 지 얼마 되지 않아 외조 삼전이 화재로 소실되었다. 영락황제는 전각을 재건축하지 않았고, 태화문에 옥좌를 설치한 뒤 신하들의 주청을 듣거나 정무를 처결하였

"

거행하는 제사에 사용했다. 중화전은 3대전의 중간에 위치하며, 이는 풍수지리설의 용맥에 해당된다. 단층 처마 구조로 사면이 모두 투명 문과 창으로 되어있어 소박하면서도 중후함이 느껴지는 건축물이다. 중화전 지붕의 꼭대기는 4개의 용마루가 교차되며, 원형 황금 꼭지로 장식되어 시각적인 효과도 뛰어날 뿐만 아니라 비로 인해 부식되는 것을 방지하기도 한다.

⇩보화전 保和殿

약간 위를 향해 솟아 오른 겹처마 지붕의 보화전은 명나라 때 황후, 태자의 책봉 시 황제가 신하들의 축하를 받던 장소로 사용되었다. 청나라 때에는 섣달그믐과 정월 15일, 귀족과 12품 대신을 위한 연회 등 다양한 행사를 거행하였다. 공주가 시집갈 때에는 3품 이상의 고관들을 초청해 연회를 베풀었다. 청의 건륭황제 이후의 전시(殿试: 임금이 대전에서 친히 집행하는 과거의 최종시험)도 바로 이곳에서 거행되었다.

다. 그 후 삼대전이 다시 중건되었으나, 여전히 이곳에서 정무를 보는 소위 「어문청정(御門聽政)」이 계속되었고 이것은 훗날 중국 정치의 전통이 되었다.

⇩중화전 中和殿

중화전은 황제가 태화전에서 의식을 거행하기 전에 쉬던 곳으로, 의식에 참가하는 중요한 관리가 먼저 황제를 알현하는 곳이었다. 보통 때는 식전에 쓰이는 제물들을 보관했다가 매년 천단, 지단에서

운용조석 云龙雕石

보화전의 운용조석은 궁내 최대 석조이다. 원래 명대에 완성되었으나 청대에 이르러 구름을 날아다니는 아홉 마리 용의 모습으로 다시 조각되었다. 이 거대한 조각품은 단 하나의 대리석으로 이루어졌으며, 길이 16.75m, 너비 3.04m로 총 270톤에 이른다. 하부에는 바다 물결과 강변의 모습을 새겨 넣었고, 상부에는 구룡이 구름 사이에서 꿈틀거리는 모습을 정교하고 생동감 있게 조각했다.

호성강(성 주위에 둘러 판 못) 护城河

많은 사람들의 경탄을 자아내는 자금성은 10m높이의 성벽으로 둘러 싸여있고, 해자의 너비는 25m에 이른다. 강의 원류는 북경 서쪽 외곽의 옥천산(玉泉山)이다. 어화원, 운하, 서직문을 지나 시내의 중심인 후해(后海)로 유입된 후, 지안문의 보량교(步梁桥) 밑으로 지나고 이 물줄기가 다시 경구서문(景臼西门) 지하도를 거쳐 해자로 유입된다.

내금수교 内金水桥

오문을 지나면 태화문 앞 광장을 굽이굽이 흐르는 내금수강이 보인다. 태화문 광장 앞에는 아름다운 아치형 수로가 있는데, 물이 옥과 같이 맑으며, 수로가 구불구불하여 옥대하(玉带河)라고도 불린다. 내금수교는 한백옥석으로 지어진 5개의 다리이다. 배수시설과 소화용 급수로 요긴하게 사용되었던 내금수강과 내금수교는 넓은 태화문 앞마당과 멋지게 어우러져 그림같은 풍경을 만들어낸다.

회화관 绘画馆

회화관은 보화전의 서쪽 행랑채로서, 궁에 소장된 모든 회화 작품과 미불(米芾), 조맹조(赵孟眺), 왕몽(王蒙), 예찬(倪瓚), 동기창(董其昌), 석도(石涛), 주탑(朱耷), 양주8괴(扬州8怪) 등의 서예작품 등이 모두 이곳에 전시되어 있다. 건륭황제가 소장한 3대 진귀한 보물 중 하나인 왕순(王珣)의 〈백원첩(伯远帖)〉도 이곳에 전시되어 있다.

경산공원 景山公园

징산꽁위엔 jǐng shān gōng yuán

 P11D3

 지하철 5호선 东西 역에서 하차 후 五四大街를 따라 서쪽으로 도보25분

 西城区景山前街

고궁박물관의 북쪽에 위치한 경산공원은 풍경이 수려하고 조용한 오래된 공원이다. 산 정상의 유리정(琉璃亭)은 자금성 전체를 한눈에 내려다 볼 수 있는 최적의 장소이기 때문에 언제나 많은 관광객으로 붐빈다. 3겹처마로 지어진 만춘정(万春亭)을 중심으로 지어진 경산 오정(景山五亭)은 좌우대칭형의 건축물로 중국 전통 정원예술의 걸작이다.

중남해 中南海

쫑난하이 zhōng nán hǎi

 P11C3

중남해는 북경 고궁박물관 서쪽에 연결되어 있는 두 개의 호수로 중해(中海)와 남해(南海), 그리고 부속 건축물들을 일컫는 말이다. 바로 이곳에 중국 공산당과 국가국무원 사무국이 있다. 중남해 안에는 모택동의 옛집, 회인당(怀仁堂), 풍택원(丰泽园), 국향서옥(菊香书屋), 영대(瀛台) 등의 아름다운 건물들이 있다.

내정후삼궁 內廷后三宮
네이팅허우싼꽁 nèi tíng hòu sān gōng

P38

　내정은 외조와 같이 3개의 건물을 중심으로 건축되었다. 규모나 건물이 주는 분위기가 외조의 건물들보다 못하지만 인간미가 느껴지는 곳이다. 내정의 동서 양측에 10개의 문을 만들어 비빈들이 거주하는 후궁(동육궁과 서육궁)과 서로 통하게 하였다. 처음 자금성을 건축할 때, 후삼궁은 원래 건청궁과 곤녕궁만 있었다. 당시 황제는 건청궁에, 황후는 곤녕궁에 거주했다. 「天地乾坤, 各有居所(천지건곤, 각유거소)」 즉 천지만물은 각각 그 거처가 따로 정해져 있다고 믿었기 때문이다. 가경황제 때에 이르러 「乾坤交泰 : 건곤교태, 천지가 서로 조화되었다.」하여 교태전(交泰殿)을 건축한 후 비로소 삼궁의 형태를 갖추었다. 후삼궁의 규모는 외조 건물보다 작지만, 사방이 서까래와 처마를 연결한 낭하로 이어져 전체적으로 대형 사합원의 형태를 이룬다. 또 외조 삼전과 어화원으로 연결되어 있다. 외조 삼전과 같이 후삼궁 역시 「土」자 형 토대 위에 단층으로 건축되었다. 토대가 지면으로부터 2.86m 높이에 있고, 토대 앞에는 지면보다 높은 각도(閣道)로 건청궁과 건청문을 연결하고 있어 황제는 편리하게 궁전 사이를 왕래할 수 있었다. 태감이나 시위는 단폐교(丹陛桥) 밑에 있는 노호동(老虎洞: 굴다리)으로만 지나갈 수 있었다. 전 앞의 난간에는 태화전과 같이 거북, 학, 해시계, 보정

(宝鼎), 가량 등이 배열되어 있다. 그러나 역시 태화전에 비해 규모가 작다. 특별히 주목할 만한 것은 단폐교 밑 양 옆의 한백옥석대와 석대 위에 도금된 작은 궁전이다. 좌측은 사직금전(社稷金殿)이고, 우측은 강산금전(江山金殿)으로 청나라 순치황제가 건청궁을 지을 때 증설한 것이다.

⬆️ 건청궁 乾淸宮

　건청궁은 명·청 황제들의 침실과 일반 집무실로 사용되던 전각으로 옹정황제 때 양심전(養心殿)으로 옮겨가기 전까지 이곳은 황제가 생활하던 가장 중요한 전각 중 하나였다. 건청궁은 면적이 9칸으로 천장에는 역분법(沥粉法:

주머니에 걸쭉한 태토 반죽을 담아 배체 위에 짜내어 가며 문양을 그리는 기법)에 의해 금룡을 그려 넣었다. 한편 매년 새해 첫날과 정월 대보름, 단오, 추석, 동지와 황제의 생일에는 이곳에서 황실 가족만을 위한 화려한 연회를 벌였고, 황제가 사망하면 그 유해를 안치했다. 대전 안에는 화려한 보좌와 순치황제가 남긴 '정대광명(正大光明)'이라 적힌 현판이 눈길을 끈다. 과거 이 보좌 뒤에는 청 제국의 다음 보위를 이어갈 후계자의 이름이 적힌 쪽지가 보관뇌어 있었. 옹정황제 때부터 시작된 이 전통은 치열한 황위다툼을 방지했다. 황제는 황자들의 능력과 품성을 살핀 후 후계자를 결정해 그 이름을 적은 쪽지를 이

상자와 자신의 몸에 지니고 있었다. 훗날 황제가 서거하면 쪽지를 대조한 후 새 천자의 이름을 발표하였다.

⬇ 곤녕궁 坤宁宫

곤녕궁은 원래 황후의 침실로 사용되었으나, 청의 옹정황제가 건청궁에서 양심전으로 이사를 간 후, 황후도 역시 곤녕궁에서 체순당(体顺堂)으로 거처를 옮겼다. 곤녕궁은 개축 후 서쪽은 조제(朝祭: 아침에 드리는 제사), 석제(夕祭: 저녁에 드리는 제사), 춘추대제(春秋大祭: 봄·가을의 큰 제사) 등 황후의 침실이 아닌 여러 신에게 제사를 지내는 사당으로 사용되었다. 동난각(东暖阁)은 황제의 혼인식에 사용되던 장소로 내부에는 용봉(龙凤)침대가 놓여있다.

교태전 交泰殿

교태전에서는 황후가 주관하는 중요 행사들이 이루어졌으며, 정월 초하루나 황후의 생일에는 신하들의 인사를 받았다. 건륭황제는 이곳에 〈주역(周易)〉의 25천수(영원하도록 운명이 지워졌다는 뜻)에 근

거하여 25종만을 선별한 옥새를 보관했다. 또 강희황제가 친필로 쓴 현판이 걸려있다.

건청문 乾淸门

건청문과 태화문은 모두 어문(御门: 황제가 다니는 문)이다. 청대에서는 천자가 정사를 듣는(정사를 듣는다는 것은 황제가 몸소 건청문을 나서 대신들의 상소를 듣고, 명령과 교지를 내리는 것을 의미한다) 곳이었다. 이곳은 청대의 강희황제가 매우 좋아했던 장소이다. 건청문은 어문이지만 내정으로 통하는 정문이기도 하다. 면적이 7칸, 깊이가 3칸, 홀 처마 맞배지붕이며 동사자가 용맹하게 버티고 있다. 문 앞의 광장은 동서 길이가 200m이며, 남북 너비가 30m에 이른다. 비록 태화문과 비교할 수 없는 규모이지만 황제가 직접 지나는 문이므로 그에 합당한 위엄을 갖추고

있다. 전당식 문의 양측에 「八」자형 유리 영벽(影壁)을 세워 웅장함을 살리고, 문과 영벽은 수미좌 백석을 기초로 세워져 일체감을 준다.

↑ 경원문·융종문 景远门·隆宗门

경원문과 융종문은 건청문 앞 광장의 동서 양쪽 끝에 세워진 문으로, 외조에서 내정으로 들어가려면 반드시 이 두 문을 거쳐야 한다. 황제가 어문청정을 할 때 대신늘은 동화문(东华门)과 서화문(西华门)을 통해 입궁을 하고, 다시 경원문과 융종문을 거쳐 건청문 앞에 이르렀다. 경원문과 융종문은 시위들이 엄격히 지켜지고 있어, 진사(秦事: 왕에게 전달하는 일), 대지(待旨: 교지를 기다림), 선소(宣召: 왕이 신하를 불러 만남)를 제외하고는 설령 왕공대신이라 하더라도 출입이 불가능하였다. 현재의 건청문 앞은 관광객들로 붐비고 있어 과거 경비가 삼엄했던 곳이었음을 상상하기 어렵다. 만일 3품 이상의 문

관, 2품 이상의 무관, 황제 측근의 고급 시종, 시위나 환관, 또는 황제의 명을 받아 알현하는 사람이 아니라면 절대로 이곳을 왕래할 수 없었다.

↓ 청동기관·도자기관 青铜器馆·陶瓷馆

건청궁 동쪽 건물은 청동기관으로 상(商)나라부터 전국시대까지의 청동기 문화를 전시하고 있다. 서쪽 건물은 도자기관으로 470여 점의 도자기들이 각 시대별로 전시되어있다. 송(宋)대의 관(官), 여(汝), 정(定), 균요(鈞窯)진품, 명대의 청자기, 유리홍(釉里红)과 청 강희황제 시대의 분채(粉彩), 법랑채(珐琅彩) 등 중국의 유명한 도자기 작품을 이곳에서 직접 감상할 수 있다.

어화원 御花园
위화위엔 yù huā yuán

🛫 P38

어화원은 1417년에 건축되었고, 기본 구조를 유지하면서 여러 차례 증축을 하였다. 규모는 남북의 길이가 80m, 동서의 폭이 140m, 대지면적은 12,000㎡이며, 십 여 종의 서로 다른 풍격의 건축물들이 세워져 있다. 황궁의 정원이므로 국가 규정의 예법을 중시함과 동시에 답답한 궁중 생활에 활기를 불어 넣는 곳이기도 했다. 흠안궁(钦安宫)을 중심으로 좌우대칭 형식으로 건축되었으나, 단조로운 구조와 격식을 벗어나기 위해, 좌우 상대적 혹은 고의로 마주보게 건물을 건축했다. 어화원 앞 복도의 돌출된 형식의 강설헌(降雪轩) 그리고 오목하게 파인 형식의 양성제(养性斋)가 그 예이다. 만일 중심선의 배치를 변화 있게 다채로운 형식으로 완화시키지 못했다면, 전체적으로 융통성 없는 딱딱한 느낌이 들어 조경 예술의 경지에 이르지 못했을 것이다. 도교풍의 대전, 다층의 누각, 단층의 작은 건물, 각종 형식의 정자, 그리고 북방 지역에선 흔히 볼 수 없는 진기하고 보기 드문 꽃과 풀들을 심어 놓았다. 또 석가산(石假山: 정원에 강소성에서 나는 태호석 덩어리를 쌓아 만든 작은 산)을 이용해 장식함으로서, 무겁게 느껴지는 황궁의 답답한 분위기를 벗어났다. 어화원은 주로 식물, 꽃, 과일, 곤충, 조류 등의 문양으로 장식되었다. 심지어 땅 위의 자갈길도 모두 아름다움을 추구하고 복을 빌어주는 뜻을 내포하는 신화, 인물, 풍경들로 만들어져, 생동감 넘치는 구성으로 정원의 분위기를 한층 고조시켰다. 다양한 누각과 정자, 겹겹이 보이는 화려한 지붕, 우아한 정원, 이모두가 한데 어우러져 황실의 품격을 보여준다.

⚑동정로 铜鼎炉

곤녕문을 지나 어화원으로 들어가면, 가장 먼저 보이는 것이 바로 동정로이다. 건륭시대에 만들어진 동정로는 원래 한 쌍이었는데, 다른 하나는 북경에서 제일 큰 라마교 사원인 옹화궁(雍和宮) 내에 있다. 동정로는 4m높이에 청색을 띠고 있으며, 세 마리 사자가 구슬을 가지고 다투는 모습으로 주조되었다. 또한 6개의 굴처럼 생긴 문이 있는데 두 마리 용이 구슬을 가지고 노는 모습이 조각되어 있다. 조각기술이 정교하고 세밀하여 금속조각문물의 진수라고 해도 손색이 없다.

⚑퇴수산어경정 堆秀山御景亭

퇴수산은 이회원 내 최고 높은 건물이며, 태호(太湖)의 돌로 쌓아 만든 산이다. 봉우리 위에 어경정을 지었는데 매년 9월 9일 중양절(重陽節)에 황제와 황후가 이곳에 올라 북경의 가을 경치를 감상하곤 하였다. 정자 위의 「堆秀(퇴수)」와 「運根(운근)」은 건륭황제의 친필이다.

⚑만춘정 · 천추정 万春亭 · 千秋亭

윗부분은 원뿔형이고 밑부분은 십자형이며, 사각에 행랑방을 황유리 기와로 덮어 가린 겹처마 정자이다. 주위를 돌난간으로 두르고, 기둥 사이 사면에는 창과 문이 있으며 창과 문 위에는 나무로 마름을 새겨 넣어 장식을 했다. 어화원 내에서 최고 아름다운 정자라고 할 수 있다. 이 정자는 봄처럼 아름답다 하여 이름을 만춘정이라 지었다. 천추정은 만춘정의 조형과 유사하다. 천추정은 부처를, 만춘정은 관우를 봉양하던 곳이라 한다.

⚑부벽정 · 징서정 浮碧亭 · 澄瑞亭

어화원의 동북쪽의 부벽정은 연못 위에 세워진 수려한 정자이다. 서쪽을 개방해 관광객들이 물고기를 감상하며 쉬어갈 수 있도록 했다. 부벽정과 마주보고 있는 징서

정도 역시 연못 위에 세워진 교각이다. 4개의 정자는 이름처럼 각 계절에 빼어난 경치를 보여준다. 각각 봄(만춘정: 万春亭), 여름(부벽정: 浮碧亭), 가을(천추정: 千秋亭), 겨울(징서정: 澄瑞亭)을 상징한다.

연휘각 延晖阁

퇴수산 서쪽에 위치한 연휘각은 원래 청 순치황제가 호선(狐仙: 여우 신)을 봉양하던 곳이었다. 또 청나라 때 궁녀들을 바로 이곳에서 선발했다. 이곳에서 선발된 궁녀 중 란아(즈儿)가 가장 유명하다. 그녀가 훗날 지나친 권모술수로 오히려 나라의 멸망을 야기한 자희태후(慈禧太后=서태후)이다.

양성제 · 강설헌 养性斋 · 降雪轩

가산(假山: 정원조경을 위해 인공 연못이나 호수를 파고 나온 흙이나 돌로 쌓은 인공 산) 위에 세워진 양성제는 이층 건물로 양측 끝단의 앞부분은 '凹'자형으로 되어 있다. 건물 앞에는 정원이 있는데 돌을 쌓아 만든 가산이 있어 반 폐쇄형이다. '凸'자 형으로 건축된 강설헌과는 상반되는 구조이다. 청 말기 부의황제의 영어 교사였던 장사돈(庄士敦)이 바로 이곳 양성제에서 부의를 가르쳤다. 이곳은 현재 어화원의 찻집으로 개조되어 관광객들에게 개방되었다.

강설헌은 호화스런 궁전을 관람한 후 눈을 쉬어갈 수 있는 소박하고 품위 있는 건물이다. 건륭황제와 신하들이 이곳에 피어있는 붉은색 해당화를 붉은 눈송이로 비유해 시를 짓고 노래로 불렀다고 하여 이곳의 이름을 강설헌이라고 지었다. 연못 앞의 진귀한 화석 위에는 아직도 건륭황제의 시가 쓰여 있다. 양성제와 강설헌은 어화원과는 대조적인 정원 설계의 절묘함을 엿볼 수 있는 곳이다.

⬆️흠안전 钦安殿

어화원 중심에 위치한 흠안전은 자금성 중축에 있는 건축물 중 유일하게 종교적인 건물이다. 천일문(天一门) 내에 위치한 이 건물은 명 가정시대의 유물이며, 도교의 현천상제(玄天上帝)에게 제사하는 곳으로 궁내 최대 규모의 도교 사원이다. 그러나 이곳은 아직 관광객에게 개방되지 않았다. 전 앞에는 수령이 400여 년이 넘는 연리수(连理树: 뿌리가 다른 두 그루의 가지가 합쳐져서 함께 자라는 나무를 말함)가 서로 뒤엉켜 장관을 이루고 있어 관광객들이 잠시 쉬며 사진 찍기에 좋은 장소이다.

⬇️천일문 天一门

천일문 앞에 있는 한 쌍의 해태(獬豸)는 용과 닮은 신비한 동물이라 많은 사람들의 주목을 받는다.

해태의 오른쪽에는 천연 자연석 무늬가 있는 기석(奇石)이 하나 있다. 사람의 형상을 한 이것은 청색 실로 만든 두건을 쓰고 있고, 긴 소매가 아래로 드리워져 있으며, 두 손을 모아 앞에 있는 흑돌 위에 새겨진 많은 별들에게 경배하는 모습으로 '제갈배두석(诸葛拜斗石: 제갈공명이 불두칠성에게 절하다)'이라는 이름으로 불린다.

⬇️태평유상 泰平有象

어화원 후문 안 큰 나무 밑에는 태평유상이 자리 잡고 있는데, 천하태평과 각종 농작물들의 풍작을 기원하는 의미를 담고 있다.

⬇️화석자 복도 花石子甬道

어화원 내 종횡으로 교차된 석자로(石子路)는 자금성의 또 다른 명소이다. 어화원을 관람하다 보면 특별히 눈에 띄는 곳이 있는데 이곳이 바로 사루각(榭楼阁)이다. 이 사루각의 화석지 복도는 다양한 색깔의 자갈로 각 모양을 상감해 넣었다. 기록에 의하면, 이 길에는 인물, 산수, 문방사보, 복록수(福禄寿), 조류와 짐승, 전설, 삼국지의 이야기 등 900여점의 그림이 있는데, 각각 한 폭의 그림처럼 모자이크 되었다고 한다.

자금성의 다양한 건축 양식

자금성은 원나라 대도궁(大都宮)을 기초로 건설되었기 때문에 실용적인 면에서나 건축 개념이 한족의 것과 차이가 많아 명 성조(成组) 영락황제가 한족의 건축개념에 맞게 다시 보수하였다. 또 풍수학적인 견해도 달라 동남쪽의 중축을 이동시켰다. 중축을 기준으로 건물을 배치한 구조는 전체적으로 위엄있고 중후한 분위기를 더욱 돋보이게 한다. 자금성의 건물들은 거주자의 신분과 지위에 따라 그 건축양식이 다르다. 고궁 전체가 전통적인 봉건제도의 원칙하에 방대하게 지어진 것이다. 외조의 3대전은 국가 대례나 정무집행의 장소로 사용되었고, 내정은 황후비빈들의 주거공간이었다. 외조의 규모는 내정보다 크고 높으며, 동서 6궁은 그 다음의 규모로 지어졌다. 또 지붕의 형식이나 문의 넓이, 각종 장식이나 채화의 종류 역시 등급에 따라 결정되었다.

홍장황와 · 조량화동
紅牆黃瓦 · 雕梁畵棟

붉은 색은 지극히 존귀한 색깔로 여겨져 궁전의 기둥, 문, 창, 담 모두에 붉은 색을 칠하였다. 그리고 대부분의 궁전 지붕에 오행(五行)의 중심인 황색의 유리기와를 사용하였다. 명·청 시대에는 규정이 더 엄격해 황궁이나 황릉(皇陵)에만 황색 유리기와를 사용할 수 있었다. 채화 또한 자금성의 특색으로 두공, 대들보, 지붕, 천장, 조정(藻井: 무늬로 장식한 천장) 등은 모두 유채화로 그려져 황권의 위엄을 드러내는 동시에 방부와 방수 기능의 효과까지 높였다.

외조내정 원칙

명조 이후 외조와 내정의 구조가 점점 구분되어, 건청궁 앞의 중앙 대로를 중심으로 자금성을 외조와 내정의 두 부분으로 나누었다. 조직과 질서를 중요시 여겨 자금성의 천여 개의 전각들도 이에 따라 배치되었다. 정무처리나 각 종 대전을 진행하던 외조는 앞에 위치하고, 일상생활의 공간이 되던 내정은 뒤에 배치하였다. 동육궁(东六宫)의 궁전에도 이 원칙이 적용되었다.

음양설 阴阳说

고대부터 중국인들은 음과 양이 반드시 조화를 이루어야 재앙을 면한다고 생각했기 때문에 자금성도 전양후음(前陽後陰)의 원칙에 따라 구성했다. 외조의 3대전은 오행의 토거중(土居中: 흙속에 살다) 원칙

에 따라 토대 위에 건축하였다. 자금성에서 주로 볼 수 있는 색은 붉은 색과 황금색인데, 붉은 색은 '불(火)'을, 황금색은 '흙(土)'을 상징한다고 한다. 이는 제왕의 거하는 곳이 존귀하며 천하의 중심이라는 것을 나타내는 것이다. 또 중국인들은 숫자 음양설에 의해 모든 것을 결정하고 그대로 실천하기도 했다.

⇩ 황궁 지붕의 오묘함

중국 고대 건축물의 초점은 지붕에 있다. 공인들은 건물에 방대함과 중후함을 더하기 위해 크고 작은 나무토막을 이용해 지붕의 곡선을 살리고, 지붕 받침을 이용해 지붕의 면적을 확대시켰다. 사각의 끝을 곧추세워 육중해 보이기보다는 도리어 큰 새가 날개를 편 것과 같은 시각 효과를 주고 있다.

⇧ 망새·잡상

중국의 고대 건축물 중, 궁전의 지붕은 봉분(제왕 능묘의 꼭대기), 망새(전각, 문루 등 전통 건물의 용마루 양쪽 끝머리에 얹는 장식 기와), 잡상(지붕 끝에 장식하는 짐승 모양의 토기 또는 기와) 심지어 지붕 받침에 이르기까지 모두 예술성과 실용성을 겸비하고 있다. 또 봉건시대 계급을 나타내기도 했는데 건물 주인의 신분에 따라 최고 등급의 지붕에는 9마리의 잡상이 있었다. 위로부터 아래로 구분을 한다면 투우, 해태, 압어, 산예, 해마, 천마, 사자, 봉황, 용의 순이다.

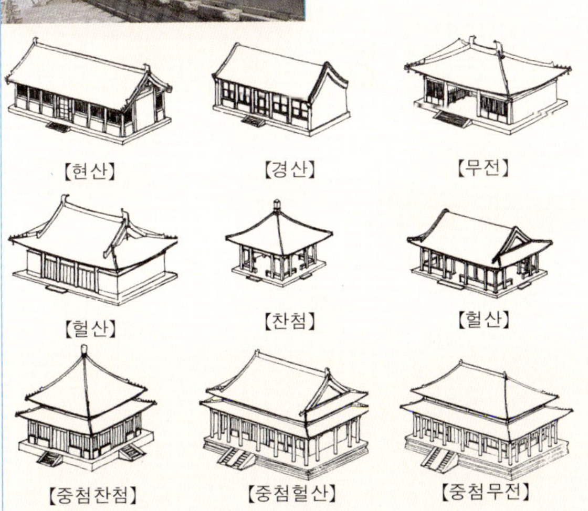

【현산】	【경산】	【무전】
【헐산】	【찬첨】	【헐산】
【중첨찬첨】	【중첨헐산】	【중첨무전】

태화전 밑의 토대 3층에는 모두 18개의 향로가 있어, 대조(大朝: 초하루와 보름날 아침에 모든 문무백관들이 임금에게 문안을 드리고 결재를 받던 큰 조회) 시 송백나무 가지를 태우는 데 사용되었다. 일구(日晷)는 해시계이며, 가량은 봉건 시대의 표준 도량형 기구이다. 궁전 앞에 설치된 해시계와 가량은 황제가 우주의 시간과 공간을 제어한다는 의미를 담고 있다. 용두귀(龍頭龜)와 선학(仙鶴)은 모두 길조와 장수를 상징하는 대표적인 영물이었으며, 대동항(大銅缸)은 물을 저장해놓은 일종의 소방 시설로 목조 건물인 자금성에 있어 아주 중요한 역할을 하였다.

⬇ 높은 기층과 많은 원기둥

중국 궁전 건축물이 서양의 건축물과 다른 가장 큰 특징은 건축물의 면적과 높이로 위엄과 기백을 나타냈다는 것이다. 토대는 세 부분으로 나뉘는데, 중간 허리 부분은 수미좌식이고, 상·하는 더 세심한 조각 장식을 더하였다.

⬇ 채화 대들보(교량이나 지붕처럼 넓은 공간에 걸치는 구조물의 형식)

대들보 위의 채화는 대략 3종류의 형식이 있다. 그중 하나는 용 문양 위주의 화새채화로 자금성 천단 등의 황가 건축물에서 자주 볼 수 있다. 두 번째는 선자채화(旋子彩畫)로 소용돌이 문양과 식물, 용봉이 서로 잘 결합되어 있다. 세 번째는 소식채화(蘇式彩畫)이다. 꽃, 조류, 곤충, 어류, 풍경, 인물 등을 소재로 삼아 색깔의 변화를 주어 전체적인 건물 이미지에 활기를 불어넣어주며 2층 들보 중간 연결 부분에 그려졌다.

⬇ 비룡조정 飛龍藻井

판자를 따라 기둥간의 거리가 격자로 이루어진 방형 천장은 정(井)자 천장이라 부른다. 판자와 판자 사이의 교차점도 역시 동물, 식물, 화초 또는 기하학적 무늬로 장식되었다. 자금성 궁전 내에는 용 문양이 많다. 특별히 황제의 보좌 위쪽은 지붕 받침으로 층층이 쌓아 중심을 향해 축소된 우물 정자 형식

을 이루고 있어 조정(藻井)이라 부른다. 전체 조정이 한 마리의 용이 승천하는 모습과 같고 용머리에는 보석을 물고 있어 화려함의 극치를 보여준다.

⇧ 격선(일종의 연문 구조 방식) 格扇

기둥 사이에 세워진 격선 중 지면에 떨어져 열 수 있는 것은 문, 열지 못하는 것은 창이라 한다. 함장(檻墙) 위에 위치한 단격선은 함창(檻窗)이라 부른다. 최고 등급인 '三菱六木宛菱花窗(삼릉육목완릉화창)'은 나무토막 3개로 마름을 형성하고 꽃을 새겨 넣은 후 마름 중심에 금색 원형 못으로 장식하여 화려함을 더한 것이다.

⇩ 궁전 판문

평상시 황제가 자주 다니는 문은 가로 세로 각각 9줄 좌우 여닫이문으로 모두 81개의 대못으로 만들어졌다. 이는 가장 길한 숫자인 9(중국어로 숫자'九'의 발음은 오랠 '久'와 발음이 같으며 영원을 상징)를 두 번이나 겹쳐 사용하여 황제의 지존무상을 표현한 것이다. 판문의 문고리는 대부분 짐승의 머리로 되어 있고, 이를 포수(铺首: 대문 고리)라 한다. 짐승의 머리는 용의 구자(九子) 중의 하나인 초도(椒图)라 한다.

⇧ 영벽 影壁

문 밖에 위치한 영벽은 대문과 일정한 거리를 두고 있어 건축의 기세를 한 층 더 강화시킨다. 그 중 최고의 등급은 자금성 황극문(皇極門) 앞과 북해북안(北海北岸)에 유리 기와로 만든 구룡벽이다. 문 안에 위치한 영벽은 외부인이 들어왔을 때 집안의 모습을 한눈에 다 볼 수 없도록 차단시키는 역할을 하는 것이다.

⇩ 황궁의 영물

산예(狻猊: 사자와 비슷하게 생긴 전설 속의 맹수)

용은 아니지만 사자와 말을 닮았다. 고대 전설 속의 인수(人兽)로 문 앞에 많이 세워져 있으며 위엄과 권위를 나타낸다.

기린(麒麟)

신성과 부귀의 상징이지만, 자금성 내의 기린은 오히려 용에 가깝다. 전신에 긴 비늘이 있고 다리가 4개이며 머리에는 뿔이 하나 나 있다.

비엽(贔屓: 큰거북)

본초강목에서 말하는 휴귀(蠵龜)가 바로 이 비엽이다. 이 동물은 문자를 좋아하고, 양명(扬名)을 좋아해 사람들은 그의 특성을 이용하여 그 위에 비석을 세운다.

학(鶴)

장수를 상징하는 영물로 태화전 등 전각 앞에서 동선학(铜仙鹤)을 자주 볼 수 있다.

동육궁 东六宫

똥리우꽁 dōng liù gōng

P38

동로(东路)는 내동로(内东路)와 외동로(外东路)로 나뉘는데, 내동로에는 종수궁(钟粹宫)을 비롯하여 경양궁(景阳宫), 승건궁(承乾宫), 용화궁(龙和宫), 경인궁(景仁宫)과 연희궁(延禧宫) 등이 있다. 외동로는 건륭황제가 이미 양위를 한 태상황을 위해 만든 궁전이다. 황극전(皇极殿), 영수궁(宁寿宫)을 위주로 청나라 4대 희루(戏楼) 중에 하나인 창음각(畅音阁)이 있고, 좁고 길지만 정교하게 설계된 화원이 하나 있다. 현재 동로의 각 전각은 전람실로 사용되고 있으며, 외동로의 절반을 차지하고 있는 황극전과 영수궁은 고궁내 유일하게 대전 내에 진열실이 있는 곳이다. 보석을 주로 진열하고 있어 진보관(珍宝馆)이라 한다.

중표관(시계전시관) 钟表馆

경원문(景远门) 밖의 봉선묘(奉先庙)는 원래 청조의 가족묘(家庙)로, 궁내의 태묘(太庙)이다. 중표관에 전시되어 있는 것은 청궁(清宫)에서 소장한 각양각색의 시계이다.

옥기관 玉器馆

종수궁 전후의 전각은 현재 옥기관으로 사용되고 있고 200여 점의 진귀한 옥기들이 전시되어 있다. 양저문화(梁渚文化)에 옥신인문황(玉神人纹璜)을 비롯하여 춘추전국시대의 옥인두(玉人头)와 용형패(龙形佩), 한대의 명문벽(铭文璧)과 옥새(玉玺), 위진의 옥호민황(玉虎玟璜), 당대의 천선학패(天仙鹤佩) 및 명대의 옥대(玉带), 청대의 벽옥존(碧玉尊) 등이 전시되어 있다.

법랑기공예관 法郎器工艺馆

내동로의 경양궁과 어서방(御书房)에 위치해 있다. 최고로 주목 받는 진열품은 원·명·청 3대에 걸쳐 수장한 법랑기이다.

태상황궁전 太上皇宫殿

외동로는 황극전과 영수궁을 중심으로 세 갈래로 나뉜다. 중로는 양성문을 정문으로, 양성전을 정침(正寝)으로 삼는다. 북쪽 낙수당(乐寿堂)의 회랑과 회랑 사이에는 〈경승제법첩(敬胜斋法帖)〉을 새겨 넣었다. 건륭황제가 역대 유명 서예작품을 모방한 것이다. 낙수당 내에는 현재 중국의 국보인 「수산(寿

山)」, 「복해(福海)」, 「대우치수옥산(大禹治水玉山)」 등 3대 옥 조각이 전시되어 있다.

⤊ 구룡벽 九龙壁

영수궁 입구 석경문(锡庆门) 내의 황극문(皇极门) 앞에는 현존하는 3대 구룡벽 중 하나가 있다. 소용돌이 치는 구름 위를 날아다니는 9마리의 용이 구슬을 가지고 노는 모습을 담은 것으로 건륭시대에 건축된 고품격의 공예품이다.

⤋ 건륭 화원 乾隆花园

건륭 화원은 태상황궁전 서로(西路)의 영수궁 화원을 말한다. 화원은 남북으로 좁고 길지만, 길이 160m, 너비 37m로 공간의 협소한 느낌을 없애고 절묘하게 5개의 정원으로 나누었다. 가산과 회랑을 이용해 큰 담을 막았으며, 돌을 쌓아 산을 만든 뒤 소나무와 대나무를 심었다. 정자와 문은 색칠을 하여 농후한 산석원림(山石园林)의 분위기를 자아내고 있다.

⤊ 진비정 珍妃井

영수궁 북쪽일대의 정순문(贞顺门) 안에는 비극적인 사건이 일어난 장소가 있다. 반죽(斑竹)이 서로 어우러져 있는 낮은 담에 있는 마른 우물은 서태후가 광서황제의 애첩인 진비(珍妃)를 강제로 빠져 죽게 한 곳이다.

서육궁 西六宮

시리우꽁 xī liù gōng

P38

서육궁은 황제의 비빈들이 거주하는 곳이었다. 영수, 함복 두 개의 궁을 제외한 나머지 궁들은 청 말기에 이르러 개조되었고, 현재 궁 내외에 진열되어 있는 것들은 당시의 모습 그대로 보존해 놓은 것이다.

양심전 养心殿

옹정황제는 아버지인 강희황제가 붕어했을 때 애도의 표시로 화려한 건청궁(乾淸宮)에서 소박한 양심전으로 옮겨와 살았다. 순치, 건륭과 동치 황제 역시 이 양심전에 자주 기거하였다. 청 말에 이르러 황제의 일상생활과 정치활동이 이 양심전 범위를 벗어나지 않게 되었고 급기야 청조 최고 권력 기구의 중심이 되어버렸다. 양심문 앞에는 한 쌍의 동사자를 배치해, 우아함과 기백과 화려함을 더해주며 工자형인 양성전은 복도가 전후 전각을 연결시키고 있다.

저수궁・우건궁 储秀宮・翊坤宮

1884년, 서태후의 50세 생일을 기념하여 대대적인 보수 공사를 실시했다. 밖의 지붕은 모두 소식채화(苏式彩画)로 가는 붓을 이용해 연한 색으로 화초, 조류, 곤충, 어류, 산수, 인물 등을 그려놓았다. 유리창 틀은 '만수만복(万寿万福)'과 '오복봉수(五福捧寿)'의 의미를 담아 만들었다. 정원의 좌우 회랑에는 대신들의 만복무병을 기원하는 기원문이 가득 새겨져 있다. 방안 모두는 난초로 장식되어 있으며, 가구, 병풍, 찬장 등은 진귀한 화이목(花梨木), 자단목(紫檀木)을 사용했다. 저수궁은 그 정교함과 화려함으로 육궁 중에 으뜸으로 뽑히고 있다. 저수궁과 연결되어 일체가 된 우건궁은 절기 때마다 많은 비빈들이 와서 서태후를 알현한 곳이다.

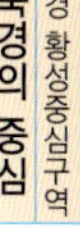

 식당

인민대회당 人民大会堂
런민따후이탕 én mín dà huì táng

P30A1

회의가 없는 기간 또는 외빈의 방문이 없을 시 신분증을 제시하면 입장 및 참관가능

인민대회당 내부의 연회장은 아이보리 색상을 기조로 하고, 양측에 우뚝 세워진 연회장 기둥은 실내 공간을 더욱 돋보이게 한다. 또 천장에 부착된 큰 등은 우아하고 화려한 분위기를 연출한다. 5천명을 동시에 수용할 수 있어, 세계 최대의 레스토랑이라고 할 수 있다.

 숙박

HA DE MEN HOTEL 哈得门饭店

P11D4

崇文门外大街甲2号

(010)6711-2244

558元~888元

www.hademenhotel.com

CHONG WEN MEN HOTEL
崇文门饭店

P11D4

崇文门西大街2号

(010)6512-2211

550元부터

www.cwmhotel.com

LU SONG YUAN HOTEL 侣松园宾馆

P11D2

东城区宽街板厂胡同22号

(010)6404-0436

530元~1,288元

www.the-silk-road.com

QING ZHU YUAN HOTEL 青竹园宾馆

P11D2

东城区平安大街南锣鼓巷113号

(010)6404-3961

150元~2,120元

DONG TANG 东堂

P11D2

东城区平安大街南锣鼓巷85号

(010)8400-2429

55元~180元

www.backpackingchina.com

BEI JING HE BEI FAN DIAN
北京河北饭店

P11D2

东城区安内大街车辇店甲11号

(010)6401-5522

380元~1,800元

www.bjhbfd.com.cn

동성구
东城区 똥청취 dōng chéng qū

서성구
西城区 시청취 xī chéng qū

두 지역 모두 북경시의 최고 행정구역이며 상업권이 발달해 고층 빌딩 숲을 이루고 있다.

동성구의 장안대가(长安大街), 건국문대가(建国门大街)는 무역센터, 건외(建外), SOGO 등 쇼핑명소가 몰려있는 북경 최고의 유행 중심지이다.

서성구는 유흥업과 무역업이 모두 활발한 곳으로 그중 '금융가(金融街)'에는 유명 백화점과 일류 술집 및 레스토랑이 계속해서 들어서고 있다.

◉ 명소

중국미술관 中国美术馆
쭝궈메이슈관
zhōng guó měi zhú guǎn

- P11D3
- 전차101, 103, 104, 쾌속104, 108, 109, 111, 112, 버스420, 685, 803, 814, 846번 승차, 美术馆에서 하차
  2. 버스2, 60, 819번 승차, 沙滩에서 하차
- 东城区五四大街一号
- (010)8403-3500
- 9시~17시, 16시 티켓 판매중지
- 성인-20元, 학생-10元
- www.namoc.org

중국미술관은 국가가 인정하는 최상급 미술관이다. 그 소장품이 무려 10만점에 이르며, 주로 1949년 중화인민공화국 설립 전후 시기의 작품들을 보관하고 있다. 또 명나라 말부터 청나라 초기까지의 미술작품들도 전시되어 있다. 특히 제백석(齐白石), 임백년(任伯年), 오창석(吴昌硕), 황빈홍(黄宾虹), 서비홍(徐悲鸿), 이가양(李可梁) 등 20세기에 중국 전통회화 창출에 영향을 주었던 화가의 작품들은 꼭 감상해보자. 이곳은 독일의 루드비히(Ludeig) 부부가 기증한 유럽·미국 국제미술작품 117점을 소장하고 있다. 그중 피카소작품도 4점이나 있다고 한다.

미술관은 전통 황색유리 기와로 지붕을 장식하는 등 고대 중국식 건축양식을 따라 지어졌다. 중심 건물의 면적은 2만㎡로 모두 5층으로 이루어져 있으며 20개의 전람실이 있다.

국립대극장 国家大剧院
궈지아따쥐위엔 guó jiā dà jù yuàn

- P11C3
- 지하철 1호선 天安门西 역에서 하차
- 西城区长安街2号
- (010)6606-4705
- www.chncpa.org

북경 거리를 걷다보면 은색광채가 반짝반짝하는 기이한 건물이 눈에 들어온다. 비행접시 모양의 이 건물이 바로 천안문광장 서쪽에 위치에 있는 국립대극장이다. 매우 독특한 디자인의 이 건물은 프랑스 건축사인 폴 앙드뢰(Paul Andreu)가 설계한 것이다. 건물 전체의 형태는 반달 타원형이며 외부에는 티타늄 금속판을 부착하였다. 건물의 주위에는 인공호수가 있는데 수면의 반사효과로 마치 반짝반짝 빛나는 달걀처럼 보인다고 해서 삶은 달걀이라는 닉네임도 붙여졌다. 전체 건축 경비가 27억 위안에 이르는 대규모 투자 하에 2001년 12월 13일 건축을 시작하였다. 독특한 설계와 건축자재가 주변지역과 조화를 이루지 못한다고 여긴 민중들의 반발로 한동안 공사가 중단되기도 하였지만 2007년 9월에 완공을 마칠 수 있었고 북경시의 새로운 명소로 자리 잡게 되었다.

건물 면적은 15만㎡, 인공호수 면적이 3만5천㎡에 이른다. 공연장 안에는 오페라 홀, 연극 홀, 음악 홀, 공공장소 등의 시설이 있으며, 그중 오페라 홀은 2,416개, 연극 홀은 1,040개, 음악 홀은 2,017개의 좌석을 갖추고 있다. 음악 홀 내에는 현재 중국 내에서 가장 큰 오르간과 6,500개의 발성관이 설치되어 있다.

삼연서점 三联书店
싼리엔슈띠엔 sān lián shū diàn

- P11D3
- 버스101, 103, 104, 108, 109, 111, 112, 803, 812, 814, 846번, 康恩专线 승차, 美术馆에서 하차
- 东城区美术馆东街22号
- (010)6400-1122
- 9시~21시
- 성인-20元, 학생-10元

삼연서점은 삼연출판사 건물에 위치한다. 책 향기와 지성 그리고 높은 품격을 느낄 수 있는 곳이며 이곳의 책들은 모두 선별을 거친 것들로 대부분 인문, 사회과학, 문학 방면의 서적들이다. 북경의 지식인들을 만나고자 한다면 삼연으로 가 보는 것도 좋을 것이다. 2층에 있는 커피전문점에서는 인터넷을 이용할 수도 있다.

북경대홍루 北大红楼
베이따홍러우 *běi dà hóng lóu*

- P11D3
- 버스101, 103, 109, 111, 810, 812, 814, 819, 846번 승차, 沙滩에서 하차
- 东城区五四大街29号
- (010)6402-0957
- 화~일: 8시30분~16시30분
- 성인-15元

이곳은 원래 북경대학 교내기숙사였다. 1916년에 지어진 工자형의 건물로 전체를 빨간 벽돌로 쌓았다 하여 홍루라는 이름이 붙여졌다. 1918년부터는 개혁활동의 중심이 되었으며 많은 사상가들을 배출해 내었다. 1919년, 20세기 중국사상 해방운동인 '5.4운동'이 바로 이곳 홍루에서 시작되었다. 모택동 역시 북경대학 도서관에서 일하는 동안 사회주의 및 공산주의 주장을 조금씩 정립해 갈 수 있었다고 저술했다. 유명한 문학가인 노신(鲁迅)도 북경대학 홍루에서 6년 동안 학업을 익혔다. 이들을 통해 홍루가 얼마나 중국역사에서 중요한 위치를 차지하고 있는지 알 수 있다.

2002년 북경대학 홍루는 '신문화운동기념관'으로 명칭을 변경했다.

남신창 南新仓
난신창 *nán xīn cāng*

- P11D2
- 지하철 2호선 东四十条 역에서 하차

남신창은 원래 명·청나라 때 황실의 식량을 보관하는 창고였다. 600년의 역사를 가지고 있으며 현재 중국에서 보존 상태가 가장 양호하

궤가 簋街

괴이지에 guǐ jiē

P11D2

지하철 2호선 東直门 역에서 하차

2번 순환도로 동직문 입체교 차로 다리에서 교차로 입구 동대가 동쪽 끝 사이의 동직문내 대가까지

궤가의 '궤(簋: 그릇의 일종)'는 중국어로 '귀신 귀(鬼)'와 발음이 같다. 새벽시장이 열리면 밝은 등불을 밝히기 때문에 귀신시장(鬼市), 귀신거리(鬼街)라고 불리게 되었

다. 이 거리에서 영업을 하는 식당들마다 번성하자 더욱 많은 사람들이 모여들어 식당가를 형성하게 되었다. 그러다보니 '귀(鬼)'자가 들어가는 이름이 그다지 품위 있어 보이지 않다고 여겨 식기를 상징하는 '궤(簋)'로 대신해 부르게 된 것이다.

'마샤오(麻辣小龙虾: 마라샤오롱샤의 준말)' 등의 북경 전통 음식이나 새롭게 탄생된 음식들을 모두 이곳에서 맛볼 수 있다.

고 그 규모 또한 최대인 고대 창고건물이다. 옛날에는 북경 성 부근에 위치하고 있어 경항(京杭)대운하 및 호성강(护城河)을 따라 남쪽에서 생산된 쌀을 운송하여 무려 5000만kg의 양식을 이곳에 보관했다고 전해진

다. 현재의 남신창은 세심한 계획 하에 현대적인 화랑, 개인 클럽, 술집 및 레스토랑 등으로 변모하였고 상류 문화를 상징하는 거리로 탈바꿈하였다.

남라고항 南锣鼓巷

난러우구샹 nán luó gǔ xiàng

P11D2

버스104, 107, 108, 113번 승차, 交道口에서 하차

고루동대가(鼓楼东大街), 지안문동대가(地安门东大街), 지안문외대가(地安门外大街), 교도구남대가(交道口南大街)의 사이의 골목

남라고항은 북경에서 가장 오래된 거리 중 하나이다. 이 거리에는

인문의 정취가 가득하며, 많은 술집, 식당들이 즐비하게 서 있다. 특히 북경 전통의 낙농유제품(버터 또는 크림)과 아몬드 두부를 맛 볼 수 있다.

고풍스러운 느낌의 독특한 가게들을 돌아보는 것도 좋다. 여름에는 주말에 종종 창의시장(創意市場)이 열리기도 한다. 현재 북경에서 관광객들이 가장 좋아하는 명소 중의 하나이다.

옹화궁 雍和宮
용허꿍 yōng hé gōng

🔺 P11D2

🔹 지하철 2호선 雍和宮 역에서 하차

🏠 雍和宮大街12号

📞 (010)6404-4499

🕐 9시~16시

💲 티켓에는 계대루(戒台楼), 반선루(班禅楼) 관람이 포함되어 있다. 성인-25元, 학생-13元

🌐 www.yonghegong.cn

❗ 옹화궁 밖에서 향촉을 사지 말 것, 안에 들어가면 더 싸게 살 수 있다.

66,000㎡를 차지하고 있는 옹화궁은 소태문(昭泰门), 천왕전(天王殿), 정전(正殿), 법륜전(法轮殿), 만복각(万福阁) 등의 건물이 한데 어우러져 5채의 정원을 형성하고 있다. 각 전당의 양측은 동서로 좌우 대칭을 이루고 있다. 관광객들과 현지 참배객들이 끊임없이 찾아오기 때문에 사원 내의 향촉은 항상 피워져 있다. 이곳에는 역사적으로 가치가 있는 불상, 탕카(서장에 풍경을 담은 일종의 두루마리 그림), 법기(法器), 옹정황제와 건륭황제의 친필 등 유물들이 셀 수 없이 많다. 시간을 들여서 하나하나 돌아보는 것도 좋을 것이다.

⬇ 소태문 昭泰门

소태문은 옹화궁으로 들어올 때 가장 눈에 띄는 건물이다. 헐산(歇山)식 유리화로 만들어진 문루 지붕 아래에는 만주어, 한어, 몽고어, 티베트어로 새겨진 편액이 걸려 있다.

⬆ 천왕전 天王殿

천왕전은 원래 옹친왕부의 정문이었다. 문 안쪽에 미륵보살과 4대 천왕 상이 있어 천왕전이라고도 부른다. 뒤쪽으로는 호법천신(户法天神)인 범태천상(韦驮天像)이 있다.

➡ 어비정 御碑亭

어비정은 겹처마의 사각형 정자이다. 1792년에 건축되었으며 정자 내에 큰 비석이 있다.

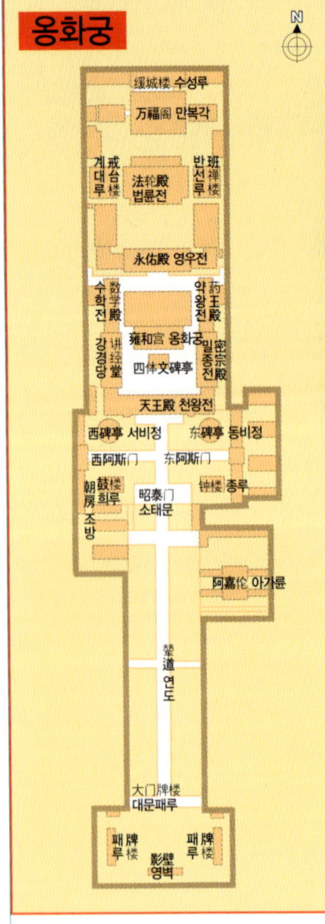

⬆대웅보전 大雄宝殿

옹화궁의 정전(正殿)을 대웅보전이라 한다. 전 내의 중앙에는 석가모니, 그 왼쪽에는 연등보살, 오른쪽에는 미륵보살이 있다. 석가 앞에 두 제자의 석상이 서 있는데 왼쪽이 지아이예, 오른쪽이 아난이다.

⬅수미산 须弥山

옹화궁 앞에는 높이 1.5m의 동으로 제작된 수미산이 있다. 불교의 극락정토를 표현한 것으로 황궁건축에만 사용되는 황색유리 기와 및 용무늬 천장으로 꾸며져 황가 사원의 품격을 나타내고 있다.

⬇영우전 永佑殿

영우전에서 눈길을 끄는 것이 바로 동서 양측에 있는 '백도모(白度母)'와 '녹두모(绿度母)'의 무명채색화이다. 이 두 장의 무명채색화는 모두 순치황후가 직접 궁녀들을 지휘하여 한 올 한 올 수 놓은 것으로 예술적인 가치가 매우 높은 문화재이다.

⬆법륜전 法轮殿

옹화궁에서 제일 큰 전당이 바로 이 법륜전이다. 내부에는 라마교 선조인 '카바'의 동상과 금, 은, 동, 철, 주석 등 5가지의 금속으로 제작한 449개의 나한상(원래는 500개가 있었다고 한다)이 다양한 표정을 지으며 서 있다. 카바 동상 뒤로 단향목에 나한산을 조각해 놓은 것이 있는데 매우 진귀한 예술품으로 평가 받고 있다.

⬇만복각 万福阁

만복각은 옹화궁의 3대 보물 중 하나인 만달라 불상이 있는 곳이다. 전체 높이가 26m인 이 불상은 백단향나무로 만들어졌으며 전 세계에서 가장 큰 목조 불상이다. 불상 옆으로는 4m높이의 향 기둥이 있으며 이 향 기둥은 큰 불상의 높이를 더 잘 부각시켜 주고 있다. 향 상단에는 가는 구멍이 많이 있는데 유명한 봉안향(봉의 눈)이다. 이 봉안향은 수초식물이 화석으로 변한 것으로 청나라 때 궁에 바쳐지는 공물이었다.

국자감 国子监
구어즈지엔 guó zǐ jiān

- P11D2
- 버스13, 406, 807번 승차, 国子监 또는 雍和宮에서 하차
- 东城区国子监街15号
- (010)8402-7224
- 9시~16시
- 성인-10元, 학생-3元

국자감은 1306년에 지어졌으며 원·명·청 세 시대를 걸쳐 최고급 교육기관이었다. 벼슬길에 오르기를 원했던 사람들은 국자감에 들어가 학문을 닦았고 이들을 감생(監生)이라고 불렀다. 국자감에 들어가면 벽옹(辟雍), 육당(六堂), 윤당(伦堂), 경일차(敬一车), 사업상방(司业厢房), 삼경각석비(三经刻石碑) 등에 참관할 수 있었다. 벽옹은 청나라 황제가 학문을 강의하던 곳이었으며 육당은 벽옹 좌우 양쪽의 학생교실이었다. 윤당은 책 보관 장소였고 경일차와 사업상방은 각각 교장과 교감의 사무실로 쓰였다.

서비홍 기념관 徐悲鸿纪念馆
쉬빼이홍찌니엔관
xú bēi hóng jì niàn guǎn

- P11C2
- 1. 지하철 2호선 积水潭 역에서 하차
- 2. 버스 22, 38, 706, 810번 승차, 新街口豁口에서 하차

공자묘 孔庙
콩미아오 kǒng miào

- P11D2
- 1. 버스 13, 406, 807번 승차, 国子监에서 하차
- 2. 지하철 2호선 雍和宮 역에서 하차
- 东城区国子监街13号
- (010)6401-2118
- 8시30분~17시
- 성인-10元, 학생-3元

공자묘는 원·명·청을 걸쳐 공자에게 제사를 지내던 곳이다. 1,306년 원나라 때 지어져 1411년에 재건되었다. 하지만 기본적으로 원나라의 느낌이 여전히 남아 있다. 남쪽에서부터 북쪽까지 모두 3개로 나누어져 있는데 뜰 안에는 원에서부터 청까지 과거에 급제한 사람들의 이름을 새겨놓은 비석이 198개 있다. 장거정(张居正), 우겸(于谦), 서광계(徐光启), 엄숭(严嵩), 기윤(记昀), 유용(刘墉), 유준림(刘春霖), 심균유(沈钧儒) 등과 같은 역사적인 인물들을 이 비석에서 찾을 수 있다. 공자묘 내에 공자, 네 현인(四配), 12철학 및 72명의 제자상이 있다. 대성전(大成殿) 뒤쪽으로는 총성사(崇圣祀)가 있는데 매년 공자에게 제사를 지내는 장소이다.

국자감과 공자묘 가운데 삼경각석비가 있는데 건륭시기에 만들어진 것으로 '건륭석경(乾隆石经)'이라 부르기도 한다. 국자감은 현재 북경 수도 도서관에 위치하고 있다.

🏠 西城区新街口北大街53号
☎ (010)6225-2042
🕐 화~일: 9시~16시
💲 성인-5元, 학생-2元
🌐 www.xbhjng.cn

서비홍은 굉장히 조예가 깊은 예술가로서 동서양의 회화기교를 하나로 묶었던 사람이다. 현대 중국 미술의 창시자라고 여겨지는 그는 애국지사이기도 했다.

기념관 안에는 서비홍의 작품 1,200여 점과 그 밖에 생전에 남긴 유작 및 그와 관련된 1만 점의 자료들이 한데 모여 있다. 전람실 안에는 서비홍의 국화(国画) '구방고(九方皋)', '우공이산(遇公移山)', '전횡오백사(田横五百士)' 등의 그림이 전시되어 있다.

북경고관상대 北京古观象台

북경구관샹타이
běi jīng gǔ guān xiàng tái

🔺 P11D3
🚌 버스 1, 4, 52, 402번 이용
🏠 东城区东裱褙胡同2号
☎ (010)6524-2202

🕐 9시~16시30분
여름: 9시~18시
💲 5元
🌐 www.bjp.org.cn

1442년에 지어진 북경고관상대는 명·청 시기에 국가천문대로 500년 동안 천문관측을 수행했다. 건축물과 기구설비가 완전하게 보전되어 있어 국제천문학계에서는 상당한 명성을 날리고 있다. 약 14m높이의 고관상대에는 강희황제 시대에 남회임(南坏任)이 설계하고 감독한 '적도경위의(赤道经纬仪)', '황도경위의(黄道经纬仪)', '지평경의(地平经仪)', '상현의(象限仪)', '기현의(纪限仪)', '천체의(天体仪)'와 기리안(纪理安)이 설계하고 제작한 지평경위의(地平经纬仪) 및 건륭시대에 만든 '기형무진의(玑衡抚辰仪)' 등 8개의 천문기구가 있다. 1972년 이후부터 고관상대 기구를 전시하는 북경 천문관이 되었다.

북해 공원 北海公园
베이하이꽁위엔 běi hǎi gōng yuán

P11C2

남문(南门)행: 버스101, 103, 109, 812, 814, 846번 승차, 北海에서 하차

북문(北门)행: 버스107, 111, 118, 701, 823번 승차, 北海后门에서 하차

文津街1号

(10)6403-3225

11~3월: 6시30분~20시
4, 5, 9, 10월: 6시~21시
6~8월: 6시~22시
경화도(琼华岛)
4~10월: 9시~17시30분
11~3월: 9시~16시30분

4~10월: 10元
11~3월: 5元
경화도 풍경구역: 10元

www.beihaipark.com.cn

이미 수천 년의 역사를 가지고 있는 북해공원은 요나라 때 건립되었다. 훗날 금, 원, 명, 청에 걸쳐 확장되어가면서 오늘날의 규모로 정착하게 된 것이다. 북해는 유구한 역사의 풍파 속에서도 가장 완벽하게 보존되어 있는 황실의 정원이다. 조경의 테마는 도교 신화의 '서왕모전(西王母专)' 안에서 묘사된 선계(仙竟: 신이 사는 세상)이다. '하나의 저수지와 세 개의 신선산(一池三仙山: 가장 완벽한 배치를 뜻함)'을 기준으로 북해의 조경을 만들었다. 특히 호수를 이용한 경화도(琼华岛), 단청(团城), 병산(屏山)은 신선산을 상징한다.

북해는 청나라 때 이르러 조경예술의 절정에 달한다. 경화도의 백탑(白塔)은 청나라 초기에 지어져 이미 북해의 일부가 되었다. 현재 북해는 건륭황제 때의 산림과 사찰

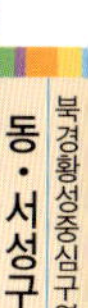

등이 조화를 이룬 풍경에 예술적 감각을 한층 더 끌어올려 아름다운 명소가 되었다.

경화도 琼华岛

북해의 조경은 경화도를 중심으로 이루어진다. 호숫가에 긴 가지를 늘어뜨린 녹색버드나무가 정자와 잘 어우러져 온화하고 아름다운 경치를 뽐내고 있다. 원나라 세조였던 홀필렬(忽必烈)은 이곳에 머물면서 섬과 호수의 이름을 각각 만수산(万寿山) 태액지(太液池)로 바꿨다. 또한 이곳을 중심으로 원나라 대도를 건설하였다. 마르코폴로가 중국 대륙에 발을 들이고 원나라의 대도에 도착했을 때 눈앞에 펼쳐지는 무성한 수림을 보고 떨리지 않을 수 없었을 것이다. 그의 기록을 통해 중국의 조경과 건축의 신비한 아름다움은 전 유럽에 전해졌다.

백탑 白塔

백탑은 1651년에 광한전(广寒殿) 옛 터에 건축한 것이다. 탑 전체가 눈처럼 하얗고 독특한 티베트 스타일로 지어져 북해의 명소가 되었다. 북해의 어느 위치에서도 바라볼 수 있는 상징적인 건축물이다.

의란당 漪澜堂

의란당은 이전에 황제와 황후가 배를 타고 호수를 감상하던 곳이었다. 예전의 어선방(수라간)을 모방한 이곳은 1925년에 오픈을 하여 이미 80년의 역사를 가지고 있다. 창업자는 원래 어선방의 관리였다. 1955년에 국영 영업장으로 바뀌었다.

단성 团城

단성은 북경의 '성 중의 성'이다. 주요 전당인 승광전, 길뢰당(古籟堂), 여청재(余清斋), 경제당(敬跻堂), 옥옹정(玉瓮亭) 및 전체를 옥으로 조각한 2척 높이의 '독산대옥해(渎山大玉海)', 금나라 때부터 내려오는 상당한 가치의 '백의장군(白袍将军: 백송, 건륭이 이름을 하사)', '차음후(遮阴侯: 만주흑송, 역시 건륭이 이름을 하사)'를 모두 포함한다.

승광전 承光殿

단성에서 가장 중요한 건물이 바로 승광전이다. 겹처마 지붕에 황색유리 날개 기와를 얹어 마치 고궁의 누각과 비슷해 보인다. 건물 중간에는 4개의 기둥이 받치고 있으며 여의주를 물고 있는 두 마리의 용과 선학(두루미)이 그려진 천장은 너무나도 아름답다. 승광전은 높이 1.5m의 백옥 좌불상이 있던 곳으로 광서황제 때 어떤 사람이 서태후에게 헌납했다고 전해진다.

구룡벽 九龙壁

구룡벽은 북해에서 반드시 참관해야 하는 문화재이다. 현재 중국의 구룡벽 중에서 가장 독특함을 뽐내고 있는 곳이기도 하다. 양쪽 면에 모두 18마리의 서로 다른 모양의 용들이 동시에 용마루, 기와, 용수(陇陲), 두공, 벽돌로 조각되어 있다.

오룡정 五龙亭

오룡정은 원래 명나라 태소전(泰素殿)의 옛터로, 이전에는 황후들이 낚시를 즐기거나 불꽃놀이를 구경하던 장소였다. 이곳에서 바라보는 북해의 풍경은 웅장하고 아름답다.

소서천 小西天

극락세계라고도 불리는 소서천은 건륭황제가 모후의 생일을 축하하고 복을 빌기 위한 목적으로 세웠다. 관음전(观音殿)을 중심으로 면적은 1200㎡에 이르며 세로의 넓이가 7칸, 전체 바깥 둘레가 68개의 버팀대로 이루어져 있는 중국 최대의 방정식 건축물이다. 겨울에는 빙등축제가 열린다.

정심재 静心斋

정심재의 면적은 겨우 4700㎡의 규모지만 북해공원에서는 가장 특이한 정원 중에 하나로 꼽히고 있다. 작은 공간에 산, 연못, 다리, 행랑, 정자, 전당, 누각들이 긴밀하게 붙어있지만 전혀 답답하게 느껴지지 않는다. 구불구불한 물길을 따라 펼쳐지는 풍경이 매우 아름답다.

모순옛집 矛盾故居

마오뚠꾸쥐 máo dùn gù jū

- P11D2
- 버스104, 107, 108, 113번 승차, 交道口에서 하차 후 后圆恩寺胡同에서 서쪽으로 도보4분
- 北京市东城区后圆恩寺胡同 13号
- (010)6404-0520
- 9시~16시
- 성인-5元, 학생-3元

모순(矛盾)은 중국의 위대한 근대 문학가이다. 그의 대표작으로는 '자야(子夜)', '식(蚀)', '홍(虹)', '춘잠(春蚕)', '부식(腐蚀)', '임가포자(林家铺子)' 등이 있다. 모순이 세상을 떠난 후 중국작가협회에서는 그의 생애 말기에 6년 동안 살아왔던 집을 기념관으로 정했으며 1985년 3월에 정식으로 개방하였다. 사합원 건물의 앞뒤로 두 개의 정원이 있으며 내부에는 모순이 생전에 작업하던 곳과 생활했던 공간이 그대로 보존되어 있다.

모순은 '문학연구회'를 조직하였으며 현실주의문학을 제창하였고 좌익작가로서 중국 신 문화 운동에 큰 영향을 끼쳤다. 또 중국 문화부 부장과 전국정부협회 부주석 등의 직분을 역임하기도 했다.

창포강 공원 菖蒲河公园

창푸허꿍위엔 chāng pú hé gōng yuán

- P11D3
- 버스1, 2, 4, 5, 19, 20, 52, 57, 22, 54, 120, 802, 特1번 승차, 劳动人民文化宫에서 하차
- 노동인민문화궁 동쪽

2002년, 북경시에서 창포강을 재건하여 공원으로 만들었다. 동쪽에서 남쪽 강까지 대로를 따라가면 서쪽으로는 노동인민문화궁에서 시작하여 동장안가 북쪽 홍벽에 이르고, 북쪽으로는 비룡교후통(飞龙桥胡同), 황사성남벽(皇史宬南墙), 남완자후통(南湾子胡同)에 이른다. 강의 길이는 약 510m이고, 넓이는 12m이며, 깊이가 약 2m이다. 강의 북쪽에 위치한 사합원 형식의 '황성예술관(皇城艺术馆)'에서는 중국전통문화예술을 공연하며, '동원희루(东苑戏楼)'는 중국경극문화를 소개하고 있다. 천취원(天趣园)과 녹양방정(录阴方庭) 등도 볼 수 있다.

십찰해 什刹海
스차하이 shí chà hǎi

🔵 P11C2

🔵 지하철 2호선 古楼大街 역에 서 하차 후 남쪽으로 도보15분

북경 사람들은 '십찰해가 생긴 후에 북경이 있었다.'고 말하곤 한다. 그만큼 십찰해의 역사적 기원이 오래되었다는 것을 알 수 있다. 십찰해는 '전해(前海), 후해(后海), 서해(西海)'라고 불리는 세 호수의 총칭이다. '북해(北海), 중해(中海), 남해(南海)'와 대조하여 구분하고 있지만 대부분의 사람들은 후해 일대를 십찰해로 여기고 있다. 북경시 서성구 의회에서는 이곳의 관광지역 조성을 강력히 추진하고 있다. 하화시장(荷化市场), 동계 자연 스케이트장, 북경의 전통과 품격을 유지하고 있는 연대사가(烟袋斜街) 등에는 관광객들의 발걸음이 이어지고 있다. 또 이 일대의 후통과 사합원이 계속 보수되고 있어 더 많은 여행객들을 불러 모으게 될 것이다.

⌂ 하화시장 荷化市场

🏠 서성구 북해공원 후문 맞은편

하화시장은 십찰해 지역에서 중요한 곳이다. 전해 서쪽에 위치해 있으며 그 이름에서 알 수 있듯이 연꽃이 만개하는 계절에는 붉은 꽃과 연잎이 알록달록 어우러지는 풍경을 볼 수 있다.

밤에는 식당과 술집으로 북경시민들과 여행객들이 모여들어 불야성을 이룬다. 겨울이면 하화시장의 호수는 스케이트장으로 변한다.

은정교 银锭桥

🔵 버스 13, 107, 111, 701, 810, 820번 승차, 北海后门에서 하차 후 什刹海방향으로 도보

🔵 www.shichahai.cn/jingdian. asp

은정교는 전해와 후해에 이어져 있다. 다리모양이 원보(중국의 화폐일종)를 닮아 유명해졌다. 다리가 그렇게 길지 않아 열 발자국만 걸으면 끝이 난다.

북경 사람들은 서산의 아름다움을 바라보며, 은정교에서 우아한 연꽃을 감상하고 신선한 불고기를 맛보는 것을 '삼절(三绝:세가지 절대적인 것)'이라고 한다.

연대사가 烟袋斜街

버스 13, 107, 111, 701, 810, 820번 승차, 北海后门에서 하차 후 什刹海방향으로 도보

청나라 때 이 거리의 모든 집은 문 앞에 1m 높이의 나무로 만든 담뱃대 모양의 간판을 세워놓고 담뱃대를 팔았다. 민국(중화민국의 연호이자 약칭) 이후에는 청 조정의 왕족과 귀족들이 몰락하면서 집 안에 골동들을 이곳에 내다 팔기 시작했다. 연대사가는 다양한 장난감, 가죽, 머리 장신구를 파는 골동품점과 옷, 술집 등이 한데 모여 있어 복고적인 풍경을 볼 수 있다. 거리를 걷다 보면 시간이 거꾸로 흘러가는 느낌이 들 것이다. 북경 현지인들도 이곳에 매우 특별한 애착을 가지고 있다고 한다.

광화사 广化寺

버스 13, 107, 111, 701, 810, 820번 승차, 北海后门에서 하차

北京市西城区后海鸭儿胡同 31号

광화사는 원나라 때 지어졌으며 불교협회가 있는 곳이기도 하다.

전체 사원 면적이 1만㎡이며 그 안에는 대전이 모두 329개나 있다. 훼손 없이 잘 유지되고 있는 이 사원은 중간 뜰, 동쪽 뜰, 서쪽 뜰로 나눠져 있으며 방대한 규모를 자랑하고 있다. 매년 음력 12월 8일(석가 성불의 날)이면 사원 마당에서는 죽을 끓여 사원에 오는 사람들에게 무료로 나눠준다.

북경기차역 北京火车站

북경후어처짠 běi jīng huǒ chē zhàn

P11D4

지하철 2호선 崇文门 역에서 하차

北京市东城区毛家湾胡同甲13号

www.bjrailwaystation.com.cn

북경기차역은 중국철도운송의 요지로, 광활한 중국의 영토와 북경을 연결하는 심장부이다. 또한 모스크바, 평양, 울란바토르(몽고) 등 인접국가들의 수도로 직접 갈 수도 있다.

북경 역은 1901년에 공사를 시작하였다. 원래는 정양옹성(正阳瓮城) 동쪽에 있었지만, 1959년 공사가 한창일 때 동단(东单)과 건국문(建国门) 사이로 옮겨졌다. 역명은 모택동이 친필로 썼다고 한다. 유동안구의 증가에 따라 1996년 새롭게 북경서역(北京西站)을 지었다. 북경 역 역시 북경 시내의 교통 요지이다. 역전 광장은 많은 시내버스, 노면 전차, 시외버스의 기점이며 북경지하철 2호선과 연계된다.

백탑사 白塔寺

바이타 bái tǎ sì

P11C3

1. 버스 13, 42, 101, 102, 103, 409, 603, 709, 812, 814, 823, 846, 850번 승차, 白塔寺에서 하차

2. 지하철 2호선 阜城门 역에서 하차

四城区阜城门内大街171号

(010)6613-3317, 6617-6164

9시~17시(16시30분 티켓판매 중지)

성인-20元, 학생-10元

백탑사의 원래 명칭은 묘응사(妙应寺)였지만 사원의 중요 건축물인 백탑이 유명해지면서 백탑사라고 부르게 되었다. 원나라 세조가 친히 이 부지를 택하여 네팔 예술가 아니고에게 설계를 명하였다. 벽돌로 이루어진 亞자형의 탑 안에는 불좌가 있는데 그 위에 24개의 연꽃잎을 이용하여 연꽃좌식을 만들어 탑 중앙을 받치고 있다. 그 위로는 일산(어가 위에 씌우던 의장용 양산)을 드리우고 그

덕승문 德胜门
더셩먼 dé shèng mén

- P11C2
- 버스 5, 27, 44, 315, 344, 345, 380번 승차, 德胜门에서 하차
- 北京市西城区德胜区德胜门东大街9号
- (010)6201-8073
- 9시~16시
- 성인-10元, 학생-5元

덕승문은 북경성 북단 서쪽에 위치해 있으며 북경 안의 9개 대문 중 하나이다. 또한 팔달령 고속도로(八达岭高速公路)의 기점이기도 하다. 옛날부터 북경의 교통요지였다. 이전에는 모든 군대가 이곳을 통해 출진했다. '덕승(德胜)'이란 뜻도 바로 전쟁에서의 승리를 가리키는 말이다. 덕승문은 명 조정 때 건립된 것으로 성루(城楼), 전루(箭楼), 옹성(瓮城)으로 구성되어 있다. 북경시는 1993년에 옹성 내부를 수리하면서 진무묘(真武庙)를 만들었다.

동교민항 东郊民巷
똥지아오민샹 dōng jiāo mín xiàng

- P11D4
- 지하철 2호선 前门 역에서 하차
- 전문 동대가(前门东大街)북쪽, 왕부정 남정의로가도(王府井南正义路东街道)

동교민항은 북경 천안문광장 남쪽에서 동쪽을 향해 이어지는 거리이다. 많은 서양식건물이 즐비하게 늘어서 있고 조용해 보이지만 깊은 역사의 숨결을 느낄 수 있는 곳이다. 1901년, 중국이 8개 연합국에 참패한 후 신축조약(辛丑条约)을 강압적으로 체결하게 되었고 동교민항은 대사관 구역이 되었다. 각국은 이 지역에 대사관, 군영 등을 만들었을 뿐 아니라 이 지역의 행정권을 완전히 장악했다. 즉 중국 내에 식민지를 구축했다고 할 수 있는데 이 시기에 받았던 굴욕을 상기시키고자 목판에 상세한 내용을 새겨 골목길 회색 벽에 걸어놓았다.

주변에는 술(수레, 깃발, 장막, 초롱 따위의 가장자리에 꾸밈새로 늘어뜨리는것)을 달았으며 아래쪽으로는 풍령(风铃)을 걸었다. 탑의 꼭대기는 온통 황금색으로 햇빛이 비추면 매우 눈부시다. 이곳은 매달 음력 5, 6일 사원 집회를 열며 그 규모가 꽤 커 볼 만하다.

중국 화폐박물관

中国钱币博物馆

쫑궈치엔삐보우관 zhōng guó qián bì bó wù guǎn

 P11D4

 지하철 1, 2호선 이용, 天安门 역에서 하차

 西城区西交民巷17号

 (010)6605-8326

 화~일: 9시~16시

 10元

 www.cnm.com.cn

중국 화폐박물관은 중국 인민은행 직속의 화폐전용 박물관이며 일반전시와 특별 전시로 나누어져 있다. 일반전시인 '중국 역대화폐 진열'은 2, 3층에 전시되어 있으며 중국고대부터 근대화폐까지 한 눈에 볼 수 있다. 특별전은 일반인이 장기간 관람할 수 있도록 1층 로비에서 전시하고 있다. 가끔은 다른 나라와 다른 지역의 화폐를 전시하기도 한다.

중국 화폐박물관에는 고대화폐, 금은화폐, 종이화폐, 소수민족화폐, 외국화폐 및 화폐와 관련된 문물 등 크게 6종류로 나누어져 있으며 풍부한 문헌도서가 갖추어져 있어 화폐역사에 관심이 있는 사람이라면 가볼 만하다.

중국지질박물관

中国地质博物馆

쫑국어띠쯔보우관 zhōng guó dì zhì bó wù guǎn

 P11C3

 버스13, 22, 38, 47, 68, 101, 102, 103, 105, 109, 124, 409, 603, 709, 726, 806, 808, 812, 814, 823, 826, 846, 850번 승차, 西四에서 하차

 西四羊肉胡同15号

 (010)6655-7858

 화~일: 9시~16시30분

 성인-30元, 학생-15元

 www.gmc.org.cn

중국지질박물관은 1916년에 건립되었으며 중국 내에서는 가장 일찍 만들어진 박물관 중의 하나이다. 보관 시스템이 선진화되어 있고 가장 많은 소장품을 보유하고 있어

광제사 广济寺

광지쓰 guǎng jì sì

P11C3

버스 13, 101, 102, 103, 105, 823, 812, 814번 승차, 西四에서 하차

서사입구에서 서쪽으로

(010)6403-5035

8시~16시30분

광제사는 서성구 서사로 입구에 위치하며 현재는 중국불교협회가 있는 장소이기도 하다. 경내에는 넓은 정원과 종고루(种鼓楼), 천왕전(天王殿), 대웅보전(大雄宝殿), 원통전(圆通殿), 다보전(多宝殿), 장경각(藏经阁) 등이 있다. 특히 서쪽 정원에는 3층 높이의 한백옥석으로 쌓아올린 계단(戒坛)이 있다.

세계 유수의 박물관 가운데서도 명성을 날리고 있다. 관내에는 '지구관', '광물암석관', '보석관', '인류 시작 전 생물관', '국토 자원관' 등의 전시관이 있으며 20만점의 지질표본과 지학의 각 영역을 포함하는 전시물들이 있다. 또 공룡화석, 인류화석, 생물화석, 세계최대의 수정 단결정체 '수정왕(水晶王)', 대형 형석 방해석 정족표본이 있으며 섬세한 남동광, 진사, 웅황, 유황, 회중석, 휘안광 등 중국 특유의 광물표본들도 볼 수 있다.

역대제왕묘 历代帝王庙

리따이띠왕미아오 lì dài dì wáng miào

P11C3

버스 13, 101, 102, 103, 823, 812, 814번 승차, 白塔寺에서 하차

四城区阜城门内大街131号

(010)6612-0186

9시~16시

20元, 참관 및 공연-60元

www.lddwm.com

역대제왕묘는 1530년에 건립되었다. 명·청나라 두 시대를 걸쳐 역사적으로 위업을 이룬 제왕과 공을 세운 신하를 제사했던 곳이며 현재 제왕 167명, 공신 79명의 위패가 있다. 건축 면적은 약 4천㎡로 좌북조남(座北朝南: 남향건물)으로 지어졌다. 건물이 크고 웅장하여 황실 건축의 품격이 느껴질 정도로 상당한 미적 가치를 지니고 있다. 역대제왕묘에는 역사의 변화와 발전과정, 주요제사인물전, 삼왕오제(三王五帝) 및 백가성(百家姓) 등이 전시되어 있다.

회통사 汇通祠

회이통쓰 hui tōng cí

- P11C2
- 지하철 2호선 积水潭 역에서 하차
- 西城区德胜门西大街甲60号
- (010)6618-3083
- 화~일: 9시~17시
- 1元

원나라 때의 수리 및 천문학자인 곽수경(郭守敬)은 '수시력(授时历)'을 제정하고 정확하게 365.3425일을 끊어 1년으로 삼았으며 10여 종의 앞서가는 천문측정기구를 제작하였다. 이것을 기념하기 위해 회통사 내에 기념관을 만들었다. 곽수경(郭守敬)의 천문학의 발전 및 성과는 다른 서양과학보다 300년이나 앞선 것으로 '곽수경과 대도(원나라 때의 수도, 지금의 북경)수

노신박물관 鲁迅博物馆

루쉰보우관 lǔ xùn bó wù guǎn

- P10B3
- 지하철 2호선 阜成门 역에서 하차
- 西城区阜成门内供门口二条19号
- (010)6616-5651
- 화~일: 9시~15시30분
- 성인-5元, 학생-3元
- www.luxunmuseum.com.cn

중국 문학에 관심있는 사람이라면 '아큐정전(阿Q正专)'을 읽은 적이 있을 것이다. 책을 통해 작가의 깊은 지혜와 사회에 대한 섬세한 관찰력을 느낄 수 있다. 노신(鲁迅: 1881~1936, 중국의 문학가)은 절강성 소흥 출신으로 북경에서 14년을 살았다.

서삼조21호(西三条21号)의 노신 옛집은 훼손이 전혀 없이 잘 보존되어 있다. 노신박물관은 이 옛 집터 옆에 건립했으며 1956년에 개방

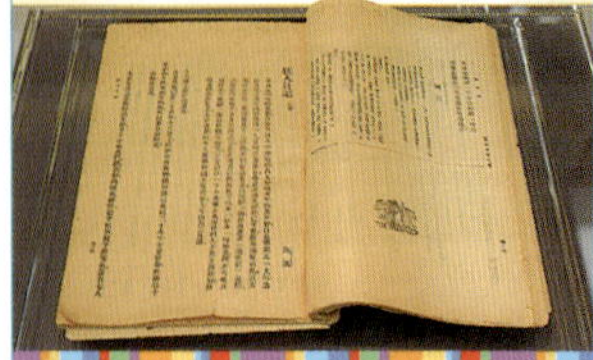

리' 전시를 통해 수리방면에서 탁월한 성과를 거둔 것을 알 수 있다. 크고 작은 백 여 개의 수로 댐을 관리했으며 원 대도의 수원 백부 댐(白浮堰), 통혜강(通惠河)을 개발하여 원 대도경제발전을 추진하였다. 이곳에 오면 한 과학자의 위대한 업적을 이해하게 될 것이다. 또한 구불구불한 오솔길을 걸으며 화원의 풍경을 즐길 수도 있다.

월단공원 月坛公园
위에탄꿍위엔 yuè tán gōng yuán

- P10B3
- 버스 13, 15, 19, 21, 42, 56, 65, 特4, 823번 승차, 月坛에서 하차
- 西城区月坛北街6号
- (010)6852-7623
- 6시~16시
- 1元

월단은 북경 서성구 남례사로(北京西城区南礼士路) 서쪽에 위치하며 석월단(夕月坛)이라고도 부른다. 북경의 5단8묘(五坛八庙: 5개의 단과 8개의 사원) 중의 하나이다.

명·청 양대에 걸쳐 황제가 명월성신에게 제사를 지내던 곳으로 명나라 가정황제 때 지어졌다. 제단에는 백색 유리를 쌓아 깔았는데, 백색은 달을 상징한다.

1955년 공원으로 세워진 이곳은 남, 북 2개의 구역으로 나뉜다. 북화원은 명·청 시기의 월단이고, 남화원은 관광구역으로 '요월단(邀月园)'을 새로 만들었다.

했다. 박물관에는 노신이 쓴 원고, 소장책 등 3만 여점의 문물이 소장되어 있다.

서삼조21호 옛집은 당시 노신이 살았던 그대로를 보존한 사립원으로 그가 직접 재배했던 식물들이 아직도 자라고 있으며 그의 가족이 당시에 사용했던 물건들도 보존되어 있다.

백운관 白云观

P10B4

1. 버스 320支, 414번 승차, 白
云观에서 하차
2. 버스 114, 308, 937번 승차,
白云路에서 하차

西城区复兴门外白云路东侧

(010)6346-3531

8시30분~16시

10元

www.bjbyg.com

　백운관은 북경에서 가장 큰 도교 사원건물이며 중국도교협회도 이곳에 있다. 서기 739년에 만들어진 백운관은 청나라 때 여러 차례 재건된 것으로 현재까지 보존된 대부분의 건물은 명·청 시기에 세워진 것들이다. 백운관 전체건물을 동로, 중로, 서로의 세 구역으로 나눴으며 뒤쪽에는 화원이 있다. 주요 건물들은 종루(钟楼)에 밀집되어 있으며 그 다음으로 패루(牌楼), 산문(山门), 영황전(灵皇殿), 옥황전(玉皇殿), 노율당(老律堂), 칠진전(七真殿), 구조전(丘祖殿), 사어전(四御殿), 계대(戒台)와 운집산방(云集山房) 등으로 이루어져 있다. 모두 50여개의 크고 작은 전당이 있으며 전내는 전부 도교그림으로 장식되어 있다. 다른 산문(山门)에는 한백옥석으로 새겨놓은 작은 돌 원숭이가 있다. 이 원숭이를 만지면 건강하고 복을 받는다고 전해져 매년 봄이 되면 인산인해를 이룬다. 산문 뒤쪽에 있는 돌다리에는 금칠을 한 직경 1m의 '동전'이 있다. 동전 구멍에 동종이 걸려 있는데 방문객들은 사업과 재물이 형통하기를 바라며 동전을 이 구멍에 넣는다. 정자, 긴 행랑이 있는 뒤쪽 화원은 유명한 도교정원이다. 예술적 가치가 높은 문과 그림이 보존되어 있다.

수도박물관 首都博物馆

P10B3

지하철 1호선 木樨地 역에서 하차

北京市西城区复兴门外大街16号

(010)6337-0491

화~일: 9시~17시

30元

www.capitalmuseum.org.cn

　수도박물관은 현대건축이념에 중국고전건물의 특색을 융합한 건축물이다. 현대적인 오리엔탈리즘을 보여주는 인문 공간으로 한번쯤 방문해 봐도 좋을 것이다.

　직사각형 전시관, 타원형 특정 테마전시관 및 사무과학연구건물이 있다. 여러 해 동안 소장해온 각종 전시물과 북경지역에서 출토된 고대 문물 및 북경의 역사 문화, 건립, 북경성의 과거, 북경의 전통과 민속전시로 나누어 전시한다. 고대자기(古代瓷), 옥기(玉器), 청동 및 고대 서예기법, 회화 등 예술작품을 볼 수 있다는 장점이 있다.

🎁 쇼핑

왕부정 상점가 王府井商圈
왕푸징샹취엔 *wáng fǔ jǐng shāng quān*

📍 P11D3

왕부정 상점가의 발전은 왕부정 대가(王府井大街)의 형성과정과 밀접한 관련이 있다. 원나라 초부터 오늘날까지 700여 년의 역사를 이어오고 있는 왕부정대가는 북경에서 가장 번화한 거리 중 하나이며 '금가(金街)'라고도 불린다. 밀보동래순(密步东来顺), 전취덕(全聚德) 등 유명하고 전통 있는 식당들이 있으며 많은 국내외 여행객들이 명성을 듣고 찾아온다. 높고 우뚝 서 있는 동당(东堂) 및 동화문(东华门) 일대의 야시장 거리에는 북경전통의 맛있는 먹을거리가 가득하며 쇼핑의 즐거움도 함께 누릴 수 있다. 맥도날드 옆에 위치한 중화공예서비스는 여행객들에게 각종 좋은 품질의 중국공예와 민속기념품을 제공해 주고 있다. 그 부근의 마등상가(磨登商场)에는 새롭게 들어선 신동시장(新东市场), 왕부정백화점(王府井百货大楼), 동방광장(东方广场) 등이 있어 이 거리를 세계 첨단 유행의 집결지로 만들고 있다.

⬇️ 북경시백화점 北京市百货大楼
🚇 지하철 1호선 王府井 역 A출구에서 북쪽으로 도보5분
🏠 北京市东城区王府井大街 255号
📞 (010)6512-6677
🕐 일~목: 9시~21시

금~토: 9시~22시

1955년에 개업을 한 북경시 백화점은 왕부정 상점가의 발전을 보여주는 증거 중 하나이다. 처마머리, 창 중앙의 꽃 조각, 고전장식그림 등, 우아하면서 고풍스러우며 농후한 민족적 특색과 시대적 감각이 공존한다. 이곳은 여행객들이 북경에서 가장 즐겁게 쇼핑을 즐길 수 있는 명소로 매일 백화점 앞 광장에는 사진을 찍는 국내외 여행객들로 북적인다.

⬆️ 동방신천지 东方新天地
🚇 지하철 1호선 王府井 역 A출구
🏠 东城区东长安街1号东方广场
📞 (010)8518-6363
🕐 9시30분~21시30분
🌐 www.orientalplaza.com

동방신천지 광장은 6가지 주제의 각각 다른 쇼핑구역으로 나눠진다. 그 중 가장 인기가 많은 구역은 '빈분신천지(缤纷新天地)'이다. 주

요상권으로는 진의백화점(辰曦百货), 화윤마트(华润超市), 각양각색의 전자제품 광장 등이 있으며 이곳에 연결되어 있는 식통천 대가(食通天大街)는 세계의 모든 음식을 맛볼 수 있는 곳이다. 정원신천지(庭苑新天地)와 환우신천지(寰宇新天地) 구역은 국제 명품 브랜드가 모두 모여 있는 곳이다. 활력신천지(活力新天地) 구역에는 모든 운동용품이 다 모여 있는 운동100 및 동방(东方)선봉경극 등이 있다.

⬆ 동방군열호텔(HYATT HOTEL)
东方君悦大酒店

🚇 지하철 1호선 王府井 역 A출구
🏠 东城区东长安街1号东方广场
📞 (010)8518-1234
🌐 www.beijing.grand.hyatt.cn

북경의 하얏트호텔은 지하철 왕부정 역 바로 위인 신동방광장(新东方广场) 내에 위치해 있다. 정문에 있는 큰 분수는 연말이면 솟구쳐 오르는데 야간조명과 어우러져 마치 동화 속의 왕궁을 보는 것 같다. 하얏트 내에 있는 수영장은 손꼽히는 명소이다. 폭포, 돌조각, 열대식물, 그리고 계속 변화되는 아침과 황혼 경치의 가상 하늘이 환상적인 분위기를 연출한다.

⬆ 왕부정고대인류문화유적
王府井古人类文化遗址

🚇 지하철 1호선 王府井 역 A출구
🏠 东城区东长安街1号东方新
　 天地地下三曾
📞 (010)8518-6306
🕐 월~금: 10시~16시30분
　 토~일: 10시~18시30분
💲 10元

왕부정 고대 인류문화유적은 1996년에 동방광장신천지를 건설하는 과정에서 발견되었다. 동방광장주식회사와 북경시정부가 함께 투자하여 '왕부정 고대 인류문화유적박물관(王府井古人类文化遗址博物馆)'을 설립하게 되었다. 왕부정 고대 인류문화유적은 구석기시대 말기 유적으로 지금으로부터 약 2만 5천 년 전의 것이다. 이는 고대 인류가 왕부정 지역(王府井地区)에서 거주했다는 것을 나타내고 있다. 이곳에는 50㎡의 유적 부지를 중심으로 출토된 문화유적을 전시해 놓고 있다.

⬆ 신 동안광장 북경에이피엠
新东安广场北京apm

🚇 지하철 1호선 王府井 역 A출구에서 북쪽으로 도보5분
🏠 北京市东城区王府井大街
　 138号
📞 (010)5817-6995
🕐 9시~22시

3억 위안의 자금을 투자해 신동안시장(新东安市场)을 새롭게 단장하였다. 새롭게 변모된 외관 외에 홍콩apm 쇼핑광장의 개념을 도입했으며 북경시민의 쇼핑습관에

따라 영업시간을 연장했다. 또 새로운 제품의 전략적인 마케팅을 진행함과 동시에 인지도가 높은 외국제품을 들여와 첨단 유행을 발 빠르게 소개하고 있다. 이곳에서 쇼핑의 즐거움을 누릴 수 있을 것이다.

왕부정 성당 王府井天主教堂

🚇 지하철 1호선 王府井 역에서 도보10분

🏠 北京市王府井大街74号

🕐 매일 오전

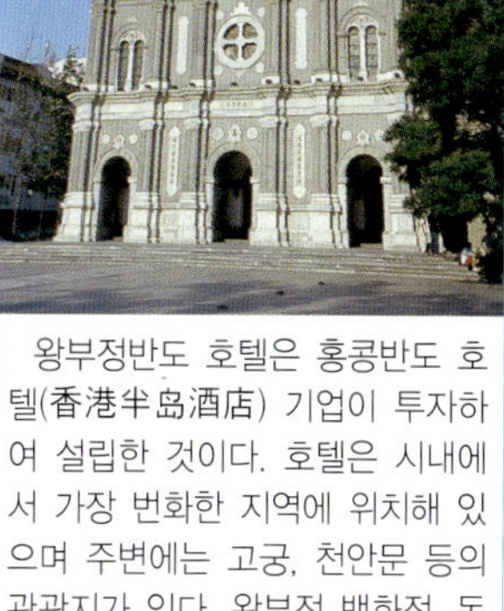

북경시에 있는 4곳의 대형 천주교 성당 중 하나이다. 동당(东堂)이라고도 불리는 이곳의 본래 명칭은 성약슬당(圣若瑟堂)이었으며 서기 1655년에 지어졌다. 1905년 발생한 의화단사건으로 훼손되었다가 배상금으로 다시 건축하였는데 약 1만㎡의 면적에 벽돌과 목조를 연결시켜 서양고전 스타일로 지어졌다. 성당 건물에 새겨진 조각이 매우 섬세하며 건축 기술 또한 정교하고 아름답다. 북경지역에서 가장 아름다운 성당의 하나이며 사진촬영의 명소로 알려져 있다.

왕부정반도 호텔
王府井半岛酒店

🚇 지하철 1호선 王府井 역에서 도보10분

🏠 北京市王府井金鱼胡同8号

☎ (010)8516-2888

🌐 www.beijing.cn.peninsula.com

왕부정반도 호텔은 홍콩반도 호텔(香港半岛酒店) 기업이 투자하여 설립한 것이다. 호텔은 시내에서 가장 번화한 지역에 위치해 있으며 주변에는 고궁, 천안문 등의 관광지가 있다. 왕부정 백화점, 동방광장, 세도백화점이 근처에 모여 있어 그야말로 쇼핑의 천국이라 할 수 있다.

서단 상점가 西单商圈

시딴샹취엔 xī dān shāng quān

 P11C3

서단 상점가는 대표적인 북경의 전통 상업 지역이다. 그러나 급속한 경제 발전에 따라 전통적인 상권이었던 서단상점가를 전체적으로 개조하게 되었다. 서단대가 북단에서부터 남단까지 점점 상권을 늘려 군태백화점(君太百货), 중우백화점(中友百货), 수도시대광장(首都时代广场), 장승숭광백화점(庄胜崇光百货) 등 대형 상점들이 세워지기 시작했다.

서단 상점가의 고객층은 젊은이들과 일반인을 타깃으로 한다. 상권 내에 집중된 대중적인 백화점을 위주로 편리한 교통과 나무랄 데 없는 서비스 시설의 조합이 많은 사람들을 불러들이고 있다.

⌄장승 숭광백화점(SOGO백화점)

庄胜崇光百货

 지하철 2호선 宣武门 역 C출구에서 남쪽으로 도보3분

 北京市宣武区门外大街8号

 (010)6310-3388

 9시30분~22시

장승 숭광백화점은 장안가(长安街) 남쪽 번화한 상업지대에 위치해 있다. 다양하고 풍부한 상품들, 세련된 디스플레이, 편안하게 쉴 수 있는 쇼핑환경과 친절하고 수준 높은 서비스를 자랑한다. 장승 숭광백화점의 이러한 쇼핑환경은 각지에서 오는 손님들의 발걸음을 불러 모으고 있다.

⌃미미 · 북경(MAISON MODE BEIJING) 美美· 北京

 지하철 1호선 西单 역에서 남쪽으로 도보2분

 西城区长安街88号北京首都时代广场内

 (010)8391-4080

 9시30분~21시30분

서단 북경수도시대광장(西单京首都时代广场) 내에 위치한 미미 · 북경은 VIP 서비스로 유명하다. 특히 고품질의 상품, 최고의 서비스, 쾌적한 쇼핑환경 및 색다른 쇼핑 체험 등, 'MAISON MODE'의 '4가지 우수성(四优)'을 잘 나타내고 있다.

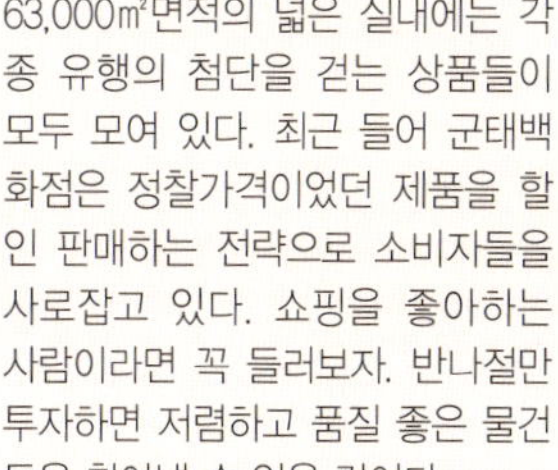

↑중우백화점 中友百货

🚇 지하철 1호선 西单 역에서 북쪽으로 도보3분
🏠 北京市西城区西单北大街 176号
📞 (010)6601-8899
🕐 월~금: 10시~22시
　토~일: 10시~22시

중우백화점은 1999년 설날에 문을 열었다. 소박하지만 넓은 공간에 청 초기의 영업방식을 고수하며 갖가지 아름다운 물건들을 갖추어 놓았다. 일단 발을 들여 놓는 고객은 곧 단골이 되어버리고 마는 매력을 가지고 있는 백화점이다. 매년 한 차례씩 쇼핑의 날, 화장품의 날 등의 폭발적인 세일 외에도 맥도날드, KFC, 스타벅스 등 지명도가 높은 프랜차이즈들이 입점했을 뿐 아니라 음식광장, 식당, 슈퍼마켓 등도 계속해서 생겨나고 있다.

↓군태백화점 君太百货

🚇 지하철 1호선 西单 역에서 북쪽으로 도보3분
🏠 北京市西城区西单北大街 133号
📞 800-810-2158
🕐 9시~22시
🌐 www.grandpacific-mall.com.cn

군태백화점의 외관은 먼 곳을 항

해하는 크고 흰 한 척의 배와 같다. 63,000㎡면적의 넓은 실내에는 각종 유행의 첨단을 걷는 상품들이 모두 모여 있다. 최근 들어 군태백화점은 정찰가격이었던 제품을 할인 판매하는 전략으로 소비자들을 사로잡고 있다. 쇼핑을 좋아하는 사람이라면 꼭 들러보자. 반나절만 투자하면 저렴하고 품질 좋은 물건들을 찾아낼 수 있을 것이다.

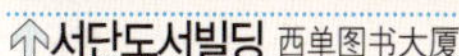

↑서단도서빌딩 西单图书大厦

🚇 1. 버스 1, 4, 10, 22, 52, 57, 37번 승차, 西单에서 하차
　2. 지하철 1호선 西单 역에서 하차
🏠 西城区长安街17号
📞 (010)6607-8477
🕐 9시~20시30분
🌐 www.bjbb.com/index/dasha. php

북경서단도서빌딩은 현재 중국에서 가장 큰 서점이다. 이곳은 30만 종에 이르는 도서와 영상작품, 전자출판이 결집되어 있는 곳으로 여행객들의 필수 방문지로 떠오르고 있다. 서점 안에는 책을 사려는 사람들과 보려는 사람들로 항상 붐비기 때문에 서점의 책들을 모두 펼쳐서 진열해 놓았다.

곳곳에 어지럽게 널려있는 책들 사이로 웅크리고 앉아 책을 보고 있는 사람들의 모습이 정겹다.

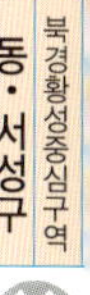
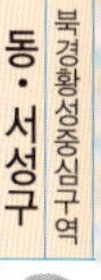

오인백성 五人百姓
우런바이씽 wǔ rén bǎi xìng

P11D3

지하철 1호선 王府井 역에서 하차

东城区东长安街33号北京饭店E座1楼

(010)6513-7766

11시30분~14시, 17시30분~21시30분

오인백성 식당의 명칭은 '오인백성(五人百姓)'이란 성을 가진 아버지와 그 아들이 많은 양의 산해진미를 가져와 작은 촌락으로 와서 장사를 했는데 그 마을이 그 해 큰 풍년이 들었다는

일본의 민간 전설에서 취한 것이라고 한다. 이곳은 중국과 일본 각지에서 특별히 선정한 재료로 독특한 맛을 풍기는 최고의 일본 요리(생선, 육류의 음식)를 제공하고 있다. 특히 재료의 천연의 맛을 살리는 것에 주력하고 있으며 일본 전통 요리의 깊은 맛을 느낄 수 있다.

백괴로호반장 白魁老号饭庄
바이퀘이라오하오판좡
bái kuí lǎo hào fàn zhuāng

P11D3

지하철 5호선 东西 역에서 하차

东城区隆福广场前街1号

(010)8401-2373

6시~21시

백괴로호반장은 청나라 때부터 문을 연 식당으로 그 명성은 이미 널리 알려져 있다. 또 '중화로자호(中华老字号)'명예를 획득하기도 했다. 이곳은 200여년에 걸쳐 전해 내려오는 청나라 전통 요리의 참맛을 느낄 수 있는 음식점이다. 이전에는 황실에 요리를 진상하던 곳이었으며 자체 개발한 음식과 디저트는 그 수를 헤아리기 어렵다. 그중에서 '카오양

방선반장 仿膳饭庄
팡산판좡 fǎng shàn fàn zhuāng

P80B2

1. 버스 南门 행 101, 103, 109, 812, 814, 846번 승차, 北海에서 하차
2. 버스 北门 행 111, 118, 701, 823번 승차, 北海后门에서 하차

西城区文浸街1号 북해공원 내

(010)6401-1879

11시~13시30분, 17시~20시

방선반장은 오늘날 방선(仿膳)이

공을기 주루 孔乙己酒楼

콩이지지우러우 *kǒng yǐ jǐ jiǔ lóu*

- P11C2
- 버스 55번 승차, 德胜门에서 하차 후 도보10분
- 西城区德内大街什刹海后海南岸
- (010)6618-4917
- 10시~24시

이곳의 이름인 '공을기(孔乙己)'는 노신의 소설 속에 나오는 가상의 인물이다. 이곳에서는 노신의 고향인 소흥의 요리를 먹을 수 있다.

소흥은 예로부터 목재와 날염포로 유명한 곳이다. 강남의 전통 건축양식인 목조 건물을 식당으로 개조하고 남색 날염포로 식탁을 덮어 한적한 민가의 모습을 재현하였다. 소흥에서 온 최고의 요리사가 솜씨를 발휘해 최상의 소흥

요리를 제공한다. 그 중 '산메이(메이떠우푸, 메이간차이, 메이치엔쨩)', '산처우(처우떠우푸, 시엔차이피엔, 처우이엔차이)'는 풍미가 짙고 맛이 좋아 매우 인기 있는 메뉴이다.

'러우(양 불고기)'가 이곳의 대표요리이며 '탕얼두오(밀가루를 당밀로 반죽하여 기름에 튀긴 과자)', '치린수', '짜마투안(튀긴경단)' 등도 유명하다.

라는 약칭으로 부르고 있지만 청나라 때는 황제와 황후의 전용 식사를 만들어 올리던 수라간이었다. 북해공원(北海公园)에 위치하고 있으며 의란당(漪澜堂), 도녕재(道宁斋), 청란화운(晴栏花韵)과 함께 고대건축물로 이루어져 있어 그 자체만으로도 볼 만한 명소이다. 서태후가 북해에서 경극을 보던 무대가 바로 지금의 식당 안에 있는 '만한전석청(滿汉全席厅)'이다. 이곳에는 청 조정 수라간 요리의 제조

법을 참고하여 만들어진 108개의 궁정음식이 전해 내려오고 있다. 다시 여기서 무려 800개의 음식과 디저트로 발전했으며 각 음식이 하나도 중복되지 않는다는 점이 이채롭다. 방선반장의 '만한전석(滿汉全席: 만주풍(滿洲風)의 요리와 한족풍(漢族風)의 요리를 함께 갖춘 호화 연회석)'은 '소만한(小滿汉)'과 6번에 걸쳐 먹는 '대만한(大滿汉) 중 하나를 선택할 수 있다.

아범제 阿凡提
아판티 ā fàn tí

🛩 P11D3

🚇 지하철 1호선 东单 역에서 북쪽으로 도보10분

🏠 胡内大街188号后拐棒胡同甲2号

☎ (010)6527-2288

🕐 11시~심야

위구르족의 노래와 춤, 깊은 맛이 담긴 요리가 손님을 즐겁게 한다. 이곳은 신강(新疆) 위구르족의 특색을 살린 식당으로 불에 구웠다가 삶는 전통적인 조리법으로 만든 쇠, 양고기가 유명하다. 음식에서 피어오르는 연기가 사방으로 흩어져 입맛을 다시게 한다.

아판티 예술단의 기막힌 공연도 빼놓을 수 없다. 특히 식후에 식탁을 한 번 닦고나면 손님들이 식탁으로 올라와 '식탁 춤(桌子舞)'을 추게 되는데 이때의 분위기는 그야말로 절정에 이르게 된다.

초강남 俏江南
치아오지앙난 qiào jiāng nán

🛩 P11D3

🚇 지하철 1호선 王府井 역 A출구

🏠 东城区东长安街1号东方广场地下一楼(BB88)

☎ (010)8518-6971

🕐 11시~22시30분

이곳은 새로운 사천요리를 경험할 수 있는 곳이다. 초강남은 강소성(江苏省)과 안휘성(安徽省) 일대의 풍경을 느끼게 하는 이름이지만 사천요리를 메인으로 하고 있다. 비록 개념이 다르긴 하지만 공통적으로 사람들의 눈을 사로잡는 독특함이 있다. 강남의 고요함과 사천의 뜨거움이 절묘하게 결합된 공간으로 마치 서양의 고급 호텔이나 레스토랑 같은 느낌을 준다. '정통사천요리'를 자처하는 초강남은 음식의 향과 맛이 두드러진다. 외형의 모양과 색채를 배합하는 것에 중점을 두었고, 단순한 음식이지만 접시 안에 그림을 만들어 시각적으로도 아름다움을 느낄 수 있도록 하였다.

모스크 레스토랑 莫斯科餐厅
모스커찬팅 mò sī kē cān tīng

 P10B2

 지하철 4호선 动物园 역에서 하차

 西城区西直门外大街135号

 (010)6835-4454

 11시~14시, 17시~21시

러시아의 황궁으로 들어가는 것처럼 광대한 공간과 독특한 음식은 이곳의 자랑이다. 귀족의 품격을 느낄 수 있는 모스크 레스토랑은 1954년에 개업하여 모스크바 현지의 맛으로 북경의 미식가들 사이에 서 명성이 자자한 곳이다. 러시아의 조리기법과 강한 향신료 등 러시아 음식의 특색이 계속 이어져오고 있기 때문이다. 특히 러시아 황실의 품격으로 장식한 레스토랑은 수준높은 상류세계를 경험하게 해준다.

H 숙박

YUE XIU HOTEL 越秀大饭店

 P11C4

 宣武区宣武门东大街24号

 (010)6301-4499

 396元~888元

HNA International HOTEL 北京燕京海航酒店

 P10B3

 复兴门外大街19号

 (010)6853-6688

 338元부터

 www.hnahotel.com

XIN XIN YAN DU HOTEL 新欣燕都总店

 P11C2

 西城区新街口南大街44号

 (010)6616-6661

 258元~900元

 xjkhotel@sohu.com

DONG HUA HOTEL 东华饭店

 P11D3

 东城区灯市口西街32号

 (010)6525-7531

 280元~588元

BEI HAI HOTEL 北海宾馆

 P11C2

 西城区治安门西大街141号

 (010)6616-2229

 348元~688元

 www.bjbeihai.com

BEI HAI GU LOU HOTEL 北海鼓楼酒店

 P11D2

 东城区鼓楼东大街206号

 (010)6406-3331

 300元~560元

 glhg64063331@126.com

북경의

동과 서

조양구

朝阳区 짜오양취 zhāo yáng qū

조 양구는 올림픽 기간 중 가장 주목을 받았던 곳이다. 올림픽체육공원과 이와 관련된 16개의 운동장이 모두 이 지역에 위치해 있기 때문이다. 참신한 조형의 중앙 방송국도 이곳으로 옮겼으며 2007년 새롭게 문을 연 신광천지(新光天地)가 더해져 이곳의 땅값은 불과 1년 사이에 무려 1.5배나 뛰어올랐다. 이와 동시에 조양구의 문화도 더욱 다원화되었다. 많은 외국 대사관들뿐만 아니라 북경에 진출한 외국기업 중 60%이상의 기업이 모두 이곳에 상주하고 있다. 또 예로부터 유명한 삼리둔(三里屯) 유흥가와 쇼핑명소인 공체 상점가(工体商圈)에 밤이 찾아오면 국제화된 중국의 또 다른 면모를 느낄 수 있다.

◉ 명소

일단공원 日坛公园
르탄꽁위엔 ri tán gōng yuán

🔺 P11D5

🚌 1. 버스 1, 4, 9, 48, 57, 120, 403, 938, 938支, 808번과 团结湖전용버스 승차, 日坛路에서 하차
2. 버스 29번 승차, 日坛公园에서 하차

🏠 建外日坛公园

☎ (010)6502-1743   💲 1元

　20여 헥타르 면적의 일단공원은 명·청대에 걸쳐 황제가 일신(日神)에게 제사를 지내던 곳이었다. 민국 초기, 전쟁의 혼란으로 크게 훼손되고 문물을 도난당해 폐허가 되어버렸지만 1951년에 재건축했다. 공원의 동남쪽에 위치한 성춘원(胜春园)이란 정원은 한 가운데 연못을 파고 분수를 설치해 기본 조경을 가꾸어 매우 아름답다. 또 청휘정(清晖亭), 마준열 기념관(马骏烈墓纪念馆), 화과원(花果园), 목단원(牡丹园), 제일벽화(祭日壁画), 의화아거(义和雅居) 등의 명소도 있다. 일단공원은 대사관구역에 위치해 있어 외국인들도 평소에 즐겨 방문하는 장소이기도 하다.

세무천계 世贸天阶
쓰마오티엔찌에 shì mào tiān jiē

- P11D5
- 지하철 1호선 永安里 역에서 북쪽으로 도보10분
- 朝阳区 光华路9号
- (010)6587-1188
- 10시~22시

세무천계를 걷다가 '북경이여 위를 보라.' 라는 표어를 보게 되면 고개를 들어 위를 바라보자. 눈앞에서 화려하고 멋진 영상들이 끊임없이 펼쳐지며 로맨틱한 분위기에 휩싸이게 될 것이다. 7,500㎡의 이르는 이 전자 대형 스크린은 2.5억위안의 비용이 투자된 것으로, 할리우드의 유명한 무대장치가 제레미 레일튼(Jeremy Railton)이 설계를 담당했다. 기존과는 확연히 차별화된 환상적인 영상이 한시도 눈을 뗄 수 없게 만든다. 또 이곳은 음식, 오락, 공간예술, 쇼핑장소가 결합된 복합적인 상가로 많은 명품 브랜드들이 모여있을 뿐만 아니라 첨단 미디어와 현대적인 예술 감각을 도입해 사람들을 사로잡고 있다.

중앙방송국 CCTV
中央电视台
쫑양띠엔쓰타이 zhōng yāng diàn shì tái

- P11D5
- 지하철 国贸 역에서 东三环 방향으로 나와 다시 북쪽으로 도보10분
- 北京朝阳区东三环中路32号

중앙방송국건물의 외관은 입체적이고 기하학적이다. 한눈에 보기에도 매우 특이한 구조의 건축물은 만유인력의 법칙과 인간이 생각해낼 수 있는 모든 건축 공식에 도전하는 것 같다. 중앙방송국 건물의 총 면적은 약 59만㎡, 높이는 약 234m로 네덜란드 건축사인 올레 스히렌(Ole Scheeren)이 설계하였다. 건물 어디에서나 하늘을 볼 수 있고 주위에 빽빽이 솟아 있는 건물이 없어 먼 곳까지 조망할 수 있다. 모든 사람들이 공유할 수 있는 새롭고 평화적인 공간 환경을 창조한 것이다.

올림픽 주 경기장

별칭: 鸟巢　니아오차오 niǎo cháo(새 둥지)

　새롭게 만들어진 북경국가경기장은 북경 올림픽 공원 내에 위치해 있다. 2008년 북경 올림픽 경기장에서 그 특색이 가장 두드러진 곳으로 올림픽 개막, 폐막식 외에 육상종목과 축구 등이 진행되었다.

　국가경기장의 구조와 외벽의 형태는 대부분 불규칙한 철골구조가 하나의 타원형 그릇모양으로 형성되어 있다. 모두 4.5만 톤가량의 철재를 사용했으며 현재 세계에서 철재를 가장 많이 사용한 경기장이기도 하다. 다른 닉네임으로 '새 둥지'라고도 부른다. 이 경기장은 스위스의 허조그 앤드 뮤론(Herzog & de Meuron)과 북경건축설계연구소가 합작하여 설계한 것이다. 비록 선발 과정에서 갖가지 어려움을 겪었지만 독창성과 걸출한 기능성으로 압도적인 표를 얻어 이번 올림픽경기장 중 가장 상징적인 랜드마크로 탄생하게 되었다.

　외벽 철골 사이에는 테프론(PTFE) 박막비닐이 있어 방수와 부식을 방지할 뿐만 아니라 채광이 좋아 보온 효과와 에너지 절약 등 환경도 보호할 수 있다. 경기장에 사용된 비용은 인민폐 35억 위안에 다다르며 이번 올림픽경기장 중에서도 가장 많이 투자한 것으로 알려져 있다. 면적 또한 가장 넓을 뿐 아니라 시공 과정도 제일 복잡하여 많은 건설업체가 투입된 공사였다고 한다.

올림픽 체육관

북경국가체육관은 3대 중요 경기장 중의 하나로 만 팔천 명을 수용할 수 있다. 올림픽 기간 중에 체조, 핸드볼 등이 이곳에서 열렸다.

이 국가체육관은 파도곡선의 부채형 지붕이 큰 특징이다. 철골기둥이 한 줄로 길게 정렬되어 투명 유리막의 외벽을 지탱하고 있다. 그 모습이 마치 크게 펼쳐놓은 중국부채 같다.

국가체육관은 곧 고급공연예술센터로 변환될 예정이다. 그래서 방음설비에 상당한 신경을 썼다. 금속건재부분은 다기능복합재료로 이중설계를 했으며 시그마텍, 유리섬유, 방수층 및 방음 재료를 사용했다. 제일 바깥쪽은 음향단열제가 있어 외부로의 소리를 충분히 격리시킬 수 있다. 그 밖에 건물 사면에 산소를 충전한 이중유리를 사용하여 방음 역할을 하면서 보온을 유지시켜 주는 기능을 한다.

이 건축물은 환경보호의 개념을 충분히 실천하고 있다. 자연채광을 높이기 위해 건물 사면에 유리벽을 설치했으며 지붕과 남쪽 벽면에는 큰 면적의 태양열판을 깔아놓아 태양에너지발전으로 사용할 수 있다.

명소

워터큐브

별칭: 水立方 슈이리팡 shuǐ lì fāng

　세계에서 가장 넓은 수영장인 국가수영센터의 또 다른 이름은 수립방(水立方: 워터큐브)이다. 북경 올림픽공원 내에 위치해 있으며 수영, 다이빙, 수중발레, 수구 등 주요 수상종목이 치러졌다. 우리나라의 박태환 선수가 바로 이곳에서 한국 수영 역사상 최초의 금메달을 거머쥐었다.

　수립방의 외관은 간결한 사각형 건축물이지만 지붕과 실내외벽은 사실 강철로 형성되어 있으며 모두 거품과 같은 휘어진 활등 모양의 ETFE 클래드로 덮여있어 직선과 하나로 융합된 모습을 보여주고 있다. 언뜻 보면 투명한 물방울로 가득 메워져 있는 것 같기도 하다. 자칫 딱딱해 보일 수 있는 건축물과 물이 절묘하고 아름다운 조화를 이루고 있다.

　수립방은 사면이 다 막혀있는 것 같지만 표면을 덮고 있는 ETFE클래드를 통해 낮 동안의 자연채광을 거의 대부분 안쪽으로 진입시킬 수 있다. 이곳은 세계에서 가장 큰 ETFE건축물이라 할 수 있다. 또한 LED조명을 설치해 밤이 되면 더욱 밝고 찬란하게 빛난다. 앞으로 많은 훈련과 큰 수영경기가 행해질 예정이며 북경 시민들의 위락시설로 인공파도, 인공해변 및 각종 시설도 마련할 계획이다.

C
C
奥林匹克公园 올림픽 공원
北京奥林匹克公园网球场 북경올림픽공원 테니스경기장
北京奥林匹克公园射箭场 북경올림픽공원 양궁장
国家会议中心击剑馆 국가회의센터 펜싱경기장
国家体育馆 국립실내체육관
国家体育场 국립경기
징(올림픽스타디움)
奥体中心体育馆 올림픽스포츠센터 실내체육관
英东游泳馆 영동 실내수영장
奥体中心体育场
올림픽스포츠센터 운동장
三环
3번 순환도로
二环 2번 순환도로
北京工人体育馆
북경 공인체육관
故宫 고궁
北京奥林匹克公园曲棍球场 북경올림픽공원 하키장
國家游泳中心
1
1
2
2
3
3
C
C

금일미술관 金日美术馆

진르메이슈관 jīn rì měi zhú guǎn

P11D4

버스 23, 28, 35, 300, 348, 37, 57, 705, 715, 730, 801, 802, 810, 830, 907, 957, 976, 特3, 特8路번 승차, 双井 또는 内燃机厂에서 하차 후 북쪽으로 약 300m 도보, 百子湾路口에 도착하면 다시 동쪽으로 약 600m 전진

2002년에 개관한 금일미술관은 중국 최초의 민영공익 미술관으로 중국 현대예술발전에 힘쓰고 있다. 이 미술관은 건축가 왕휘(王晖)가 오래된 공업지역을 개조한 것이다. 1400㎡의 부지에 전위적인 외관의 건물을 세우고 옥상에는 몇 개의 조소를 연

자단박물관 紫檀博物馆

쯔탄보우관 zǐ tán bó wù guǎn

P11D4

1. 버스 312, 728, 379번 승차, 高碑店에서 하차
2. 지하철 1호선 四惠 역에서 동쪽으로 도보300m

이어 설치했다. 이 조소들은 마치 사람들이 미술관을 참관하는 것처럼 보이기도 하고 미술관으로 향하는 관람객들을 바라보는 것 같기도 하다. 이 조소의 주제는 '전람회를 보다'이며 예술가 왕건위(汪建伟)가 설계한 것으로 미술관건물의 특색, 기능 및 환경적인 부분을 고려한 것이다.

2층은 주요 전람구역으로 특별히 더 높게 만들었다. 일반 전시장에는 현대의 장치예술, 조각과 조소, 영상예술 등을 전시하고 있다. 북경 현대미술의 발전을 이해하고 싶다면 이곳을 꼭 방문하자.

www.redsandalwood.com

자단(紫檀)은 백년에 겨우 일촌만 자랄 정도로 그 성장 속도는 느리지만 매우 단단한 나무이다. 목재 중에서도 최고급으로 손꼽히며 희소가치가 높고 가격 또한 고가이다. 조양구에 위치한 자단박물관은 수집가 진려화(陈丽华) 여사가 투자하여 건립한 것이며 1999년 9월에 개관하였다. 자단박물관은 고대 황궁을 모방한 스타일의 5층 건물이다. 진여사가 수집한 몇 백 점의 고대 자단가구 및 자단, 흑단, 황화리(黄花梨), 금사 녹나무(金丝楠木) 등의 진귀한 나무자재를 조각하여 만든 수 천점의 우수한 목조 예술작품들이 전시되어 있다. '상하도(上河图)', 높이 3m의 자단 목 조각 자금성 각루(紫檀木雕紫金城角楼) 및 어화원만춘정(御花园万春亭), 천추정(千秋亭) 모형은 박물관의 보물이라 할 수 있다.

동악묘 东嶽庙
똥위에먀오 dōng yuè miào

P11D2

지하철 2호선 朝阳门 역에서 동쪽으로 도보12분

朝阳门外大街141호

(010)6551-0151

화~일: 8시30분~16시30분 (16시 티켓판매중지)

10元(가이드 해설 포함-40元)

동악묘는 1319년, 장도릉(张道陵)의 제 38대 후손인 장류손(张留孙)이 건축하였다. 청나라 도광황제 때 전쟁과 화재 등으로 훼손된 사원을 새건하여 오늘날까지 유지해 오고 있다. 주요 건축물로는 산문(山门), 첨대문(瞻岱门), 대악전(岱岳殿), 육덕전(育德殿) 등이 있다. 첨대문 뒤로는 신로(神路)가 있어 바로 대악전으로 통하며 좌우로는 많은 사람들이 참배하는 광사전(广嗣殿)과 부재전(阜财殿)이 있다. 그 주위에는 사방이 72사(司)로 둘러싸여 있고 각각의 작은 공간에 모두 인형으로 민간이야기를 구성해 놓았는데 매우 흥미롭다. 동악묘는 철송으로 건축하여 오랜 세월 동안 휘어짐도 없이 그 모습을 유지하고 있다.

공체 상점가 工体商圈
꽁티샹취엔이슈취 gōng tǐ shāng quān

P11D2

지하철 10호선 工体北路 역에
서 하차

공체(工人体育场의 약칭)는 북경
에서 1·2위를 다투는 대형 종합 운
동장으로 1959년에 지어졌다. 북경
10대 건축물의 하나로, 7만 여명의
관객을 수용할 수 있다. 1990년, 북
경 아시안 게임 때 메인 스타디움으
로 사용되었으며 유명 가수들의 콘
서트 장으로 자주 주목을 끄는 장
소이기도 하다. 2008년 북경 올림
픽에서는 축구경기장으로 사용되었
다. 이 부근에는 '복국해저세계(富
国海底世界)' 및 어린이 실내 놀이
공원 '공체반두락(工体反斗乐)' 등
오락장소가 있으며 최근 헬스클럽,
스포츠용품점, 개성상점, 식당, 야
간상점 등이 이곳으로 진입해 상권
을 형성하면서 많은 외국인들 및 여
행객의 소비를 유도하고 있다. 또한
'자운헌(紫云轩)', '유경각(有璟阁)'
및 대만의 '신엽식당(欣叶餐厅)' 등
특색 있는 고급식당들도 있다.

798예술구역 798 艺术区
치지우빠이슈취 qī jiǔ bā yì shù qū

P11D1

버스 401, 402, 405, 445,
909, 955, 973, 988, 991번
승차, 大山子路口南 또는 王
爷坟에서 하차

朝阳区酒仙桥路4号

www.798.net.cn
www.bj798arts.com

798예술구는 북경 동북쪽 조양
구 대산자 지역(大山子地区)에 위
치하고 있다. 원래 이곳은 전기 공
장들이 모여 있는 공장지대였다.
공장주들이 제품 생산의 감소로
문을 닫은 공장들을 대여하게 되
었고 벽돌담과 수도관이 그대로
드러난 바우하우스(Bauhaus) 스타
일의 내부 구조와 저렴한 대여료
가 북경예술가들의 마음을 사로잡
게 되었다.
예술가들의 작업실이 이곳으로

이전하면서 개인 작업실 겸 전시 공간으로 점차 발전하게 되었고 그 추세가 예술계에서 이어지면서 현재는 화랑, 예술센터, 예술가 작업실, 설계회사, 잡지사, 식당, 술집 등 관련 업종이 모여져 하나의 문화 구역을 형성하게 된 것이다. 현재 이곳에는 55여개의 예술가 작업실, 화실, 화랑예술중심과 20여개의 창작관련 산업체가 들어와 있다. 많은 사람들이 뉴욕의 SOHO와 필적할 만한 곳이라고 호평하고 있을 정도로 예술적인 에너지가 충만한 곳이다. 버려진 공장들이 모여 있는 지역을 오늘날의 798예술구로 변화시킨 것은 북경의 문화를 더 폭넓게 확장했다고 볼 수 있다. 앞으로 어떻게 이 공간을 더욱 활용해 도시 문화와 서로 융합하고 발전시킬 수 있는지가 바로 북경인들의 지혜를 시험하는 과제가 될 것이다.

수수가 시장 秀水街市场

시우수이지에쓰창
xiù shuǐ jiē shì chǎng

- P11D4
- 지하철 1호선 永安 역에서 북쪽으로 도보2분
- 朝阳区秀水东街8号
- (010)5169-9003
- 9시~21시

　수수가시장의 북쪽은 대사관 지역과 바로 연결되어 있다. 20여 년 전, 일련의 젊은이들이 견직물과 수입의류를 판매하는 작은 가게들을 연 것을 계기로 발전한 상권이다. 세계여행지도에도 언제부턴가 이 거리의 이름이 등재되었고 급기야 쇼핑센터까지 들어섰다. 외국여행객에게 '만리장성에 오르고, 카오야(오리고기)를 먹고, 수수가에서 쇼핑한다'는 말은 북경 여행에서 반드시 거쳐야 할 3대 항목이 되었다. 이곳에는 최신 디자인의 모든 상품들이 다 갖춰져 있으며 세심한 서비스를 제공받을 수 있다. 쇼핑과 관광을 결합시킨 이곳을 찾는 국내외 여행객들의 발걸음이 끊이지 않고 있다.

신광천지

新光天地 신꽝티엔띠 xīn guāng tiān dì

- P11D4
- 지하철 1호선 大望路 역 A출구
- 朝阳区建国路87号
- (010)6530-5888

건외 소호 建外SOHO

지엔와이소호 jiàn wài SOHO

- P11D4
- 지하철 1호선, 10호선 이용, 国贸 역에서 하차
- 朝阳区东三环中路39号
- (010)5869-6668
- www.sohochina.com/jianwai

　이곳에는 20여 동의 건물과 4동의 별장 및 16개의 작은 골목들이 있다. 많은 기업체들이 투자하고 야마모토 리켄(三本理显)이 설계 건축한 곳으로 주택이 밀집되어 있으며 사무실, 오락, 쇼핑 등의 기능이 일체가 된 곳이다. 각종 매체들은 '북경 최고의 유행이 살아있는 무대'라며 찬사를 아끼지 않는다.

　매년 여름철이면 광환절(狂欢节)과 같은 각종 특별한 이벤트가 열린다. 이처럼 문화활동과 상업을 연결시켜 많은 사람들을 끌어들이고 있다.

국무상성 国贸商城
구어마오상청 Guó mào shāng chéng

P11D4

지하철 1호선 国贸 역에서 하차

朝阳区建国门外大街1号

(010)6505-2288

10시~21시30분

www.chinaworldmall.com

사람들은 국무상성을 '유명브랜드 집결지'라는 말로 표현한다. 전 세계의 유명 브랜드가 중국으로 들어올 때 처음 도착하는 곳이 바로 국무상성이기 때문이다.

미국의 유명한 설계회사인 아키텍토니카(Arquitectonica)가 건물 전체를 설계하였다. 외관은 회전 원형식의 구조로 시원한 아치형 곡선을 나타내고 있고 국제무역중심의 큰 건축물들이 가운데로 연결되어 있다. 또한 지하철역과도 바로 연결되어 있어 매우 편리하다.

북경 최초의 상업 건물 내에 위치한 아이스링크는 캐나다에서 도입한 냉각설비를 갖추고 있어 매일 많은 사람들이 어른 아이 할 것 없이 쇼핑 후에 이곳에 와서 스케이트를 탄다.

10시~22시

www.shinkong-place.com

2007년 4월 19일에 처음 오픈한 신광천지(新光天地)는 대만의 신광삼월(新光三越: 일본 미츠코시 백화점의 대만 지사)과 영수거비(零售巨臂) 기업이 합작 투자하여 설립한 백화점이다. 전 세계 938개의 브랜드들이 입점해 있으며 그중 프레드(Fred), 지미 스파(Jimmy spa) 빛 프랑스 백년 진통의 포숑(Fauchon) 등, 중국에서 최초로 입점한 브랜드도 24개가 있다. 신광천지는 최상의 입지조건인 CBD상권에 있으면서도 오히려 대로에서 30m정도 뒤로 물러나 있다. 장인정신이 돋보이는 최고급 브랜드로 쇼 윈도우를 장식해 장안가(长安街)의 그 어떤 곳보다 아름답고 돋보이는 풍경을 만들어 놓았다.

526개의 점포가 이곳에 밀집해 있다. 이곳의 상점들은 각양각색의 중국문물을 판매하고 있는데 전문가가 운영한다고 해도 좋을 만큼 진열된 상품이 훌륭하다.

자세히 구경하다 보면 좋은 물건을 골라낼 수가 있다. 눈을 크게 뜨고 세밀하게 살펴보자.

북경고완성 北京古玩城

베이징구완청 běi jīng gǔ wán chéng

P11D5

지하철 10호선 松瑜南路 역에서 북쪽으로 도보2분

朝阳区东三环南路21号

9시~18시30분

연사우의상성 燕莎友谊商城

이엔사여우이상청
yàn shā yǒu yì shāng chéng

P11D1

지하철 10호선 亮马河 역에서 하차

朝阳区亮马桥路52号

(010)6465-1188

9시~22시

북경 연사우의상성은 중국과 외국이 합작 투자한 고급 쇼핑몰이다. 부근에는 켐핀스키 호텔(Kempinski hotel), 콘룬 호텔(Kunlun hotel), 홀리데이 인 호텔(Holiday inn hotel) 등 5성급의 호텔들이 있어 고급상업지역이라는 것을 부각시키고 있다.

유럽풍으로 건축한 외관에 면적은 2.2만㎡이며 6층 높이의 건물로 기백과 화려함이 곳곳에서 느껴진다.

국제기준에 부합하는 넓고 쾌적한 시설로 편하게 쇼핑을 즐길 수 있다.

아수 의류도매시장

雅秀服装市场

야시우푸쭈앙쓰창
yǎ xiù fú zhuāng shì chǎng

- P11D2
- 지하철 10호선 东西十条 역에서 하차
- 朝阳区工人体育场北路58号
- 9시30분~20시

공체 북쪽에 위치한 아수 의류도매시장은 2.7만㎡의 면적에 수 천 개의 부스가 입점해 있다. 쇼핑센터 및 식당가가 함께 있으며 여섯층이 전부(지하까지 포함) 의류 및 공예품을 파는 곳이다.

2002년 4월에 개관한 이래 이미 조양구에서 제일 주목받는 종합상가로 새롭게 부상하는 곳이기도 하다.

쇼핑

여인가 女人街

뉘런지에 nǚ rén jiē

- P11D1
- 1. 지하철 10호선 农展馆 역에서 도보10분
  2. 버스 416, 405, 特3번 승차, 麦子店에서 하차
- 朝阳区麦子店西路9号甲一号
- (010)6462-6636
- 9시~21시

여인가 패션시장은 조양구 '연사 상점가'에 있다. 2001년에 설립된 이곳은 천 여 개의 상품 부스가 있으며 여성들에게 필요한 용품을 판매하고 있다. 의류, 장신구, 가방, 화장품, 공예품, 네일 아트, 미용실 등이 갖춰져 있다.

유럽, 미국, 일본, 홍콩, 마카오, 한국, 말레이시아 등 각국 패션이 다 모여 있다. 장신구, 화장품 등은 가격이 저렴한 편이지만 흥정만 잘 하면 더 깎아주기도 한다. 장소가 넓고 표지가 명확하게 표시되어 있어 쇼핑하기에 편리하다. 최근 많은 개성 있는 점포들이 늘어나고 있어 특색 있는 상품을 구입할 수도 있다.

반가원 골동품시장

藩家园旧货市场

판지아위엔지어우후오
fān jiā yuán jiù huò shì chăng

P11D5

지하철 10호선 松瑜南路 역에서 북쪽으로 도보2분

北京东三环藩家园桥西200号

월~금: 8시30분~18시,
토~일: 4시30분~18시

북경 최대의 골동품 시장이다. 서민들이 사용하던 물건이나 장난감이 가득해 보물을 찾으려는 소비자들이 자주 찾는 곳이다. 만약 저렴한 중국 골동품을 원한다면 이곳은 필수 방문지이다. 하지만 진짜는 많지가 않다. 만약 진짜를 사고 싶다면 더욱 예리한 눈이 필요할 것이다. 가볍게 중국 골동품을 감상하고자 하는 마음으로 온다면 쇼핑이 더욱 즐거울 것이다.

식당

삼리둔남 · 북가주점 (BAR)

三里屯南 · 北街酒吧

산리툰난 sān lǐ tún nán ·
베이지에지우빠 běi jiē jiǔ ba

P11D2

지하철 10호선 工体北路 역에서 동쪽으로 도보5분

북경시 조양구 삼리둔북로(三里屯北路) 동쪽과 공인운동장 동쪽에는 주점들이 빽빽이 들어서 있는데 이곳이 바로 속칭 삼리둔 주점가이다. 1983년에 처음 이곳에 주점이 들어온 이래 중국의 경제적인 발전과 더불어 증가한 많은 외국인 관광객 및 대사관 주재원들이 이곳을 찾기 시작했다. 이곳에서는 왁자지껄한 북경의 밤 문화를 느낄 수 있다.

2004년부터 북경시는 이곳을 새롭게 단장하여 고급상업지역으로 만들었으며 관련 산업의 개발도 추진하였다. '태고광장(太古广场)', '삼리둔소호(三里屯SOHO)', '3.3' 대형 쇼핑몰 등 많은 기업체들이 이곳에 건물을 세웠다. 국제적으로 지명도가 높은 브랜드의 대형 플래그쉽 스토어까지 생겨났다. 삼리둔은 그야말로 쇼핑, BAR, 예술 등의 기능이 하나로 밀집되어 있는 관광 레저 지역이 된 것이다.

일완거 一碗居

이완쥐 yī wǎn jū

- P11D1
- 버스 847, 408, 941번 승차, 炎黄艺术馆에서 하차
- 朝阳区安慧里4区5号楼
- (010)6491-1258
- 11시~22시

전통적인 옛 북경요리나 샤오츠(간단한 식사나 주전부리)를 먹고 싶다면 이곳을 꼭 찾아보자. 이곳에 들어오면 마치 옛날로 다시 되돌아간 느낌이 든다. 목재로 만든 식탁과 의자, 전통 옷을 입고 있는 종업원과 전통적인 그들만의 호객행위 소리가 귓전을 울린다. 이곳에서는 그리운 옛 맛을 잘 살려낸 전통 북경식 볶음 요리 및 샤오츠를 판매한다. 전통적인 맛을 좋아하는 미식가들은 먼 곳에서도 이곳까지 그 맛을 찾아온다. 북경 전통 자장면, 산부짠, 샤꾸어, 루쭈후어싸오, 판쓰빙 등이 모두 이곳의 추천요리들이다.

경륜 호텔 京伦饭店

징룬판띠엔 jīng lún fàn diàn

- P11D4
- 지하철 10호선 国贸 역에서 하차
- 建国门外大街3号
- (010)6500-2266
- 10시30분~14시, 17시30분~22시
- www.jinglunhotel.com

경륜호텔의 '사합헌(四合轩)'은 북경의 고급 호텔식당 중 유일하게 북경 샤오츠를 판매하고 있다. 호텔 식당이기 때문에 일반 샤오츠 가게보다는 더 편안한 식사환경을 누릴 수 있다.

북경의 샤오츠를 거의 다 구비해 놓아 다양한 선택을 할 수 있으며 계절에 따라 추천메뉴도 있어 언제나 신선한 음식을 맛 볼 수 있다. 이곳에서 제철에 맞는 요리도 먹고 여행으로 감소된 체력도 보강하자.

서라벌 萨拉伯尔

싸라보얼 sà lā bó ěr

- P11D1
- 버스 101, 112, 118, 350, 420, 433, 846, 855번 승차, 므亮에서 하차
- 朝阳区东三环北路8号(亮马河大厦2楼)
- (010)6590-6688

덕극살사배방 德克萨斯扒房

더커싸쓰빠팡 dé kè sà sī bā fáng

- P11D1
- 버스 401, 402, 405, 445, 909, 955, 973, 988, 991번 승차, 三子路口南 또는 王爷坟에서 하차
- 朝阳区将台路6号(北京丽都假日饭店)
- (010)6437-6688
- 11시30분~14시, 17시30분~22시30분

덕극살사배방은 미국식 스테이크와 멕시코 요리로 유명하다. 숙련된 주방장이 선별한 신선한 재료로 스테이크의 맛을 살리고 있다. 식욕을 증진시키는 멕시코 식 에피타이저로 입맛을 돋운 후 스테이크를 먹어보자. 한입 먹을 때마다 육즙이 가득한 스테이크는 큰 만족을 준다. 멕시코 모자, 솔, 선인장, 오픈 카 등으로 서부 풍경을 재현한 내부 인테리어는 마치 미국, 멕시코 변경에 온 것 같다.

⏱ 9시~22시

서라벌이란 아침햇살이 제일 먼저 비추는 신성한 땅이란 뜻으로, 옛 한반도의 신라왕국의 수도이기도 하다. 한국의 유명 식당 체인점으로 현재 북경에서 한식요리의 대명사로 알려져 있다. 이곳은 미식가들 사이에서 정통 한국 요리의 맛을 인정받는 곳이기도 하다. 이곳의 대표 메뉴는 역시 불고기이다. 조리법은 간단해 보이지만 사실 꼼꼼한 작업과 순서에 따라 정성을 들여 만드는 요리이다. 손님들은 고기가 불판에 올라갔을 때 고기 굽는 소리와 향기 및 고기에서 나오는 풍부한 육즙을 볼 수 있게 된다. 또 먹는 순간 바로 입안에서 녹는 것 같은 부드러운 육질을 제대로 음미할 수 있다.

내부 인테리어는 복잡하지 않게 목재를 사용하여 지어져 심플한 분위기가 느껴진다. 기름진 중국음식이 살짝 느끼해졌다면 이곳에 와보자.

BEIJING EASTERN MORNING SUN YOUTH HOSTEL
东方晨光青年旅馆

P11D3

东城区东单三条8-16东方广场东配楼B4

(010)6528-4347

140元～180元

www.hostelsbeijing.com

BEI JING FU HUA JIN BAO HOTEL 北京富华金宝大酒店

P11D3

东城区金宝街69号

(010)6513-7979

398元～598元

BEIJING DA BEI HOTEL 大北宾馆

P11D4

朝阳区建国门外大街大北窑南郎家园甲1号

(010)6568-5511

280元～420元

www.bjdabeihotel.com

YUAN FANG HOTEL 远方饭店

P11D1

朝阳区光照门北里22号

(010)6422-5588

470元～1,280元

HUA TONG XIN HOTEL 华通新饭店

P11D2

朝阳区工体北路1号

(010)6415-7766

338元～488元

FRIENDSHIP YOUTH HOSTEL
北京友谊青年酒店

P11D1

朝阳区北三里屯南43号

(010)6417-2632

70元～180元

www.poachers.com.cn

BEI JING ZHAO LONG YOUTH HOSTEL 北京兆龙国际青年旅馆

P11D2

朝阳区工体北路2号

(010)6597-2666

120元～160元

HUA XIA HOTEL 华夏宾馆

P11D2

东城区工人体育馆北春秀路甲1号

(010)6416-8847

258元

YOUTH HOSTEL 青年之家旅馆

P11D4

朝阳区建国门外大街乙24号B2

(010)6515-6058

92元～102元

BEI JING CITY CENTRAL YOUTH HOSTEL 城市青年酒店

P11D3

东城区北京站前1号

(010)8511-5050

160元～368元

www.centralhostel.com

해전구

海淀区 하이띠엔취 hǎi diàn qū

해전구는 북경 서북부지역에서 가장 큰 거주지이다. 예전에는 해전진(海淀镇)이라고 불리는 늪지대였다. 청나라 황실에서 이곳을 특별히 좋아하여 "三山五園(삼산오원: 3개의 산과 5개의 정원)" 즉, 향산(香山), 옥천산(玉泉山), 만수산(万寿山), 창춘산(畅春山), 원명산(圆明山), 정명산(静明山), 정이원(静宜圆), 이화원(颐和园)을 이 지역에 건설하였다. 현재 해전구에는 원명산, 이화원 등의 명승고적 이외에도 중국의 하이테크산업과 정보산업 밀집지역이 형성되었으며, 유명한 중관촌(中关村)이 바로 해전구 내에 위치하고 있다. 또한 중국 최고 학부인 북경대학(北京大学), 청화대학(清华大学), 북경사범대학(北京师范大学) 등 수십 개의 대학이 해전구에 위치하고 있다.

景點

북경식물원 北京植物园

베이징즈우위엔 běi jīng zhí wù yuán

P8B3

动物园에서 360번, 圆明山에서 333번, 苹果圆에서 318번, 西直门에서 904번 승차, 植物园에서 하차

北京香山卧佛寺

(010)6259-1283

식물원: 7시~17시
기타 시설: 8시30분~16시30분

성인-10元, 학생-5元
대 온실: 성인-50元, 학생-40元
와불사-5元

www.beijingbg.com

북경식물원은 서북 와불사(卧佛寺) 1956년에 건설된 근처에 위치하고 있다. 현재 개방되어 있는 관람구역은 약 200헥타르에 달하며, 식물원 관람시역과 명승고직지역 등으로 구성되어 있다.

'식물원 관람지역'은 월계원(月季圆), 벽도원(碧桃圆), 목단원(木丹圆), 작약원(芍药圆), 정향원(丁香圆), 해당원(海棠圆), 목란원(木兰圆), 죽원(竹圆), 숙근화원(宿根花园), 수생식물원(水生植物园)과 매화원(梅花圆)으로 구분되어 있다. 그중 중국 최대규모인 월계원은 약 천 여종의 월계수 품종을 재배하고 있다. 매년 봄에 열리는 '북경복숭아꽃페스티벌(北京桃花节)' 때에는 수십만 명의 여행객이 방문한다.

원대도 유적공원
元大都遗址公园
위엔따뚜이즈꽁위엔
yuán dà dōu yí zhǐ gōng yuán

⚐ P10B1

🚇 지하철 10호선 学院路, 花园东路, 八达岭高速, 熊猫环岛, 安定路, 惠新西街南口, 芍药局 등의 역에서 하차

🏠 학원(学院)에서 경승고속도로(京承高速公路) 사이의 환성(环城)북로, 동로, 서로의 남쪽 일대 공원

☎ (010)6445-1374

⏲ 8시~17시30분

💲 무료

　원대도유적공원은 북경시에서 가장 규모가 큰 공원이다. 남쪽은 원사성유적보호구(元士城遗址保护区)로 성원환고(城垣怀古), 계문연수(蓟门烟树), 철기웅풍(铁骑雄风), 계초분비(蓟草芬菲), 은파득월(银波得月), 자미구화(紫薇入画), 대도건전(大都建典), 수관신의(水关新意), 안강성세(鞍缰盛世), 연운목가(燕云牧歌) 등 10여 곳의 명소가 있다. 그중 계문연수는 구 연경8경(燕京八景: 연경은 북경의 옛 이름, 연경 8대 경관) 중의 하나이다.

중화세기단 中华世纪坛
쫑화쓰지탄 zhōng huá shì jì tán

⚐ P10A3

🚇 1. 지하철 1호선 军事博物馆 역에서 하차
　2. 버스 1, 4, 33, 57, 65, 320,

대종사 大钟寺
따쫑쓰 dà zhōng sì

⚐ P10B1

🚇 지하철 13호선 승차 후 大钟寺 역에서 하차

🏠 北京海淀区北三环四路甲31号

⏲ 8시30분~16시30분

💲 10元

　대종사는 명나라 성조가 주조한 영락대종(永乐大钟)을 소장하고 있어서 붙여진 이름이다. 종은 높이가 6.75m, 직경이 3.3m, 무게가 46.5톤에 달하며, 안팎에 23만여 자에 이르는 경문(经文)이 새겨져 있다.

　이 종은 5가지의 우수한 점이 있다. 첫째는 주조연대가 가장 오래된 것, 둘째는 주조한 경문 종류가 가장 많으며 셋째는 종소리가 가장 멀리까지 퍼지는 것, 넷째는 역학구조, 다섯째는 주조공예기술이다.

　각 시대별 종을 400여점 소장하고 있는 대종사는 '중국고종박물관'이라고도 불린다.

중국인민혁명군사박물관 中国人民革命军事博物馆

쭝궈런민거밍쥔쓰보우관 zhōng guó rén mín gé mìng jūn shì bó wù guǎn

P10B3

1. 지하철 1호선 军事博物馆역에서 하차
2. 버스 1, 4, 21, 308, 320, 337, 728, 802, 特1번 승차, 军事博物馆에서 하차

海淀区复兴路9号
(010)6686-6114
8시30분~16시
성인-20元, 학생-10元

세계 10대 군사박물관 중의 하나인 중국 인민혁명 군사박물관은 중국에서 가장 규모가 큰 군사박물관이다. 1960년 8월 1일, 중국건군절에 정식개관하였다. 정문 위쪽에 씌여진 '중국인민개혁군사박물관(中国人民革命军事博物馆)'은 모택통(毛泽东)의 친필이다. 박물관 안에는 아편 전쟁 중에 사용한 장갑포차, 모택동ㆍ주은래 등이 사용한 망원경 등 12만 여점의 진귀한 문헌과 문물이 소장되어 있다.

337, 728, 827, 337, 728, 827, 特1, 特5번 승차, 军事博物馆에서 하차

海淀区复兴路甲9号
(010)5980-2222
9시~17시30분
음력설 전날 12시 이후 반나절 폐관
성인-30元, 우대-20元
www.gehua.com/sjthome

중화세기단은 중국정부가 밀레니엄을 맞이하면서 지은 건축물이다. 남쪽 입구 비석에 새겨진 '중하세기단(中华世纪坛)'이란 5글자는 당시 국가총서기였던 강택민(江泽民)의 친필이다. 성화대의 벽면에는 BC3000년부터 AD2000년까지의 연대를 순서대로 기록해 놓고 있으며 이는 중국의 5000년 역사를 보여주는 것이다. 주 건물 내에는 세계예술관이 있는데 이는 중국 최초로 세계의 예술품을 소장, 전시하고 있는 곳이다. '세계예술기본진열실(世界艺术基本陈列厅)'에서는 세계예술사의 기본흐름을 보여주고 있으며 504개의 디지털프로그램을 상영하고 있다.

북경대학 北京大学

베이징따쉬에 běi jīng dà xué

 P10A1

 지하철 4호선 中关村站 역에서 하차

 颐和园路5号

 www.pku.edu.cn

　중국 제1의 명문대학인 북경대학은 세계대학 순위에서도 상위권에 드는 인재의 산실이다. 중국최초의 국립종합대학으로 1898년 개교하였다. 초기에는 경사대학당(京师大学堂)으로 불리다가 1912년에 북경대학으로 개칭했다. 북경대학은 중국 신 문화운동과 5·4운동의 발원지이며, 중국에서 가장 일찍 마르크스주의와 민주과학사상을 전파한 곳으로, 중국인민사상 추진의 선두주자였다고 할 수 있다. 채원배(교육가 겸 민주주의사상가) 외에 북경대학과 관련된 유명 인사로는 진독수, 이대조, 모택동과 노신, 호적 등이 있다.

북경해양관 北京海洋馆

베이징하이양관 běi jīng hǎi yáng guǎn

 P10B2

 지하철 4호선 动物园 역에서 하차

 海淀区高梁桥斜街乙18号(북경동물원 북문 내 위치)

 (010)6212-3910

 4~10월: 9시~17시30분
　11~3월: 9시~17시

 성인-120元, 학생 및 60세 이상 노인-60元

 www.bj-sea.com

　북경해양관은 북경동물원 내에 위치하고 있다. 총면적 12만㎡에 건축면적은 4.2만㎡로 세계에서 가장 큰 규모를 자랑하는 수족관이다. 건물외형은 파란 소라 모양이고 내부는 남색을 기본으로 꾸며져 있다. 내부로 들어갈수록 해저

중관촌 中关村

쭝관촌 zhōng guān cūn

 P10A1

 지하철 4호선 中关村 역에서 하차

　중관촌은 북경에서 제일 큰 전자도매시장으로 다양한 전자업체들

북경동물원 北京动物园
베이징똥우위엔 běi jīng dòng wù yuán

- P10B2
- 지하철 4호선 动物园 역에서 하차
- 北京西外大街137号
- (010)6831-5131
- 봄, 가을: 7시30분~17시30분
  하절기: 7시30분~18시
  동절기: 7시30분~17시
- 4~10월-15元, 11~3월-10元, 판다관-5元

www.bjzoo.com

북경동물원은 약 100여 년의 역사를 가진 중국에서 가장 오래된 동물원 중 하나이다. 보유 동물은 총 450여 종에 이르며, 해양어류도 500여 종에 달한다. 관광객들에게 가장 인기가 높은 것은 아무래도 중국국보인 판다이다. 판다관은 입장료를 따로 내야 한다. 이 밖에 호랑이관에서는 세계 각국의 호랑이를 볼 수 있다. 관광객과 호랑이 사이에 울타리만 있어서 스릴이 느껴진다.

의 느낌이 나게 설계되어 있다. 모두 7개의 테마로 구역이 나뉘는데, 각각 '우림지대(雨林奇观)', '교감의 공간(触摸池)', '해저세계탐방관(海底环游)', '상어관림권(鲨鱼码头)', '중국철갑상어관(国宝中华鲟鱼馆)', '돌고래관람관(鲸豚湾)', '해양극장(海洋剧院)'으로 구성되어 있다. '교감의 공간'은 총길이 36m로 해변처럼 설계했고, 관람객들은

직접 근해에 사는 연체동물을 만져 볼 수도 있다. '해저세계탐방관'은 총 32개의 수족관이 있으며, 다양한 심해 어류를 볼 수 있다.

이 밀집되어 있으며 업체 간 가격 경쟁이 치열해서 소비자들은 저렴한 가격에 전자제품을 구매할 수 있다. 2005년 통계에 의하면 중관촌 전자제품 판매량은 북경 전체 판매량의 69%, 전 중국 판매량의 8.7%를 차지한다고 한다.

유명 상가로는 해룡전자성(海龙电子城), 정호전자성(鼎好电子城), 과무전자성(科贸电子城), 태평양 컴퓨터성(太平洋电脑城) 등이 있다.

중국국가도서관

中国国家图书馆

쫑궈궈지아투슈관
zhōng guó guó jiā tú shū guǎn

- P10A2
- 지하철4, 9호선 이용, 白石桥 역에서 하차
- 北京海淀区中关村南大街33号
- (101)8854-5426
- 월~금: 9시~21시
  주말: 9시~17시
- www.nlc.gov.cn

중국국가도서관의 전신은 청나라 때 세워진 경사도서관(京师图书馆)이다. 후에 북경도서관으로 불리다가 1987년, 현주소에 새 건물을 지으면서 1999년에 중국국가도서관으로 정식 개명하였다. 지상서고 19층, 지하서고 3층의 건물로 '80년대 북경10대 건축물'에 꼽히기도 했다. 중국국가도서관은 동서고금을 막론한 대량의 서적을 소장하고 있다. 현재 소장문헌은 약 2,500만권에 이르는데 이는 규모로 볼 때 세계 5위를 차지하며 중국어 문헌 소장은 세계1위이다. 가장 오래된 소장품은 3,000여 년 전의 은허(殷虚)갑골문이며, 가장 오래된 문헌자료는 700년 전의 남송(南宋) 황실의 문헌이다.

옥연담공원 玉渊潭公园

위위엔탄꽁위엔
yù yuān tán gōng yuán

- P10A3
- 지하철 1호선 公主坟 역에서 하차 후 북쪽으로 도보10분
- 海淀区三里河路47号
- (010)8865-3804
- 12~3월: 6시30분~19시
  4, 5, 9~11월: 6시~20시30분
  6~8월: 6시~21시30분
- 성인-2元, 학생-1元
  *벚꽃축제 기간에는 일률적으로 10元
- www.yuyuantanpark.com

옥연담 공원은 교통이 편리한 해전구에 위치하고 있다. 동문은 조어대국보관(钓鱼台国宝馆)과 인접해 있고, 서쪽은 CCTV방송국 송신탑과 마주보고 있다. 남문은 중화세기단(中华世纪坛) 정 북쪽에 위치하고 있으며 북쪽은 해군종합병원과 연결되어 있다. 옥연담 공원 내에는 약 20만 그루의 식물이 있다. 공원의 주요 경관 지역으로는 벚꽃구역, 호수지역, 중산도(中山岛), 봄 정원 등이 있다. 그중 '벚꽃구역'에는 가장 아름답다는 소메이요시노 등 2천여 그루의 각종 벚꽃이 있다. 매년 봄 '벚꽃축제'를 개최하는데 이 축제는 매우 유명하다. 벚꽃 시기에 북경을 방문한다면 이곳에 꼭 들러보자.

향산 香山

상산 xiāng shān

P8B3

颐和园에서 331, 737번, 动物园에서 360, 714, 904번, 五道口에서 331번 버스 승차, 香山에서 하차

북경 서부 외곽 서산(西山) 동쪽산기슭

(010)6259-1264

4~6월: 6시~18시30분
7, 8월: 6시~19시
11~3월: 6시~18시

4/1~11/15-10원,
11/16~3/31-5元
벽운사(碧云寺)-10元
관광케이블카 평일 편도-30元
주말 및 공휴일-50元
아동 편도-10元

www.xiangshanpark.com.cn

향산은 북경 외곽 서쪽에 위치하고 있으며, 시내에서 약 25km떨어져있다. 1186년에 황실 정원으로 건설되었으며, 1956년 일반에 개방되었다. 향산은 봉우리가 이어져 있으며 산세가 매우 험난한 편이다. 정상은 '향로봉(香炉峰)'으로 해발 557m이며, 북경 시내에서도 볼 수 있다. 가을에는 약 10만여 그루의 단풍나무가 붉게 물들어 장관을 이룬다.

북경 10대 공원 중 하나인 향산 공원 안에는 명·청 시대에 건축한 벽운사 등 유명한 유적이 많이 있다. 벽운사 금강보좌탑(金刚宝座塔)은 손중산 선생의 시신을 잠시 안치했던 곳이다.

이곳에는 목재 위에 금박을 입히는 중국 유일의 기술로 지어진 '오백나한당(五百罗汉堂)'도 있다. 강남의 특색을 보여주는 우아한 정원인 '견심재(见心斋)', 모택동과 중국공산당이 북경 진입 후 사무실로 사용하며 거주했던 '쌍청별장(双清别墅)' 등이 있다.

향산 공원 내에 설치된 대형 관광케이블카는 총 운행길이가 1400m이고, 높이는 431m이며, 편도 탑승 시간은 18분 정도 소요된다.

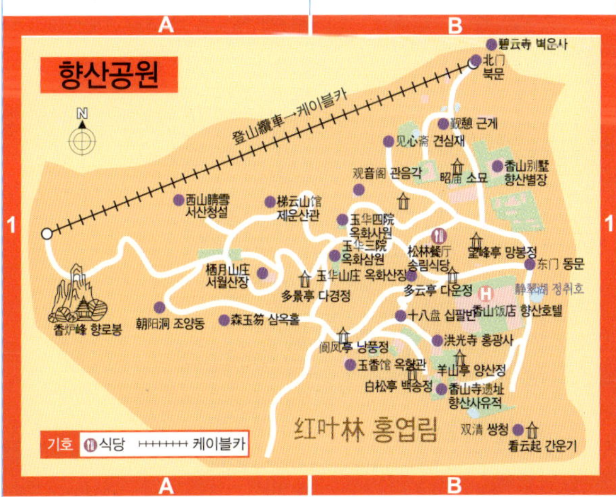

이화원 颐和园
이허위엔 yí hé yuán

P8B3

지하철 4호선 颐和园 역에서 하차

(010)6288–1144

성수기(4~10월)
→정문: 6시30분~18시
원중원(园中园): 8시30분~17시
20시 폐문
비성수기(11~3월)
→정문: 7시~17시
원중원: 9시~16시
19시 폐문

기본 입장료: 성수기–30元, 비성수기–20元
종합입장료: 성수기–60元, 비성수기–50元
→덕화원(德和园), 문창원(文昌院), 불향각(拂香阁), 소주가(苏州街), 담녕당(澹宁堂) 관람 포함

개별 입장료: 덕화원–5元, 불향각–10元, 문창원–20元, 소주가와 담녕당–10元

www.summerpalace-china.com

www.yiheyuan.com

이화원은 대단히 넓어서 관람 전차를 타는 것이 좋다.
〈팔각정(八方亭)→수의교(秀漪桥)→경명루남쪽입구(景明楼南口)→창관당(畅观堂)→옥대교(玉带桥) 등에서 정차〉
단, 5월1일과 10월 1일에는 팔각정(八方亭)부터 수의교(秀漪桥) 구간은 운행하지 않는다.
전차비용: 1인당 1역당–3元, 전구간–12元
운행시간: 매일: 9시~16시
이화원은 보존이 잘 되어 있는 최대의 황실정원이다. 1750년에 건

설되어 청의원(清漪园)으로 명명되었다가 1860년에 영국, 프랑스 연합군에 의해 화재로 소실되었다. 1888년, 서태후가 해군경비 3,000만 냥을 들여 중건하면서 이름을 이화원으로 바꾸었다. 1900년, 8개 연합군에 의해 또 한 차례 전소되었다가 1903년 이후 지속적으로 복원을 하여 오늘날의 모습을 갖추게 되었다.

이화원은 호수가 전체 면적의 3/4을 차지하고 있다. 만수산(万寿山) 위의 높이 41m에 달하는 불향각(佛香阁)은 전체 정원의 중심에 위치하고 있고, 다른 건물들은 이를 기준으로 정교하게 배치되어 있다. 이화원의 조경예술 수준은 중국뿐만 아니라 동양 역사상 최고봉이라 할 수 있다. 청산(青山=만수산), 녹수(绿水=곤명호수)의 건축물 등이 조화롭게 배치되어 있으며, 호수 주변을 따라 이어진 700m가 넘는 장랑(长廊)은 산수를 모두 감상할 수 있도록 되어 있다.

⤴궁정지역 宫廷区

우아한 멋을 풍기는 인수전(仁寿殿)은 소박한 청기와로 되어 있다. 이곳은 서태후와 광서황제가 정원 내에 거할 때 신하들을 접견하고 조정의 일을 처리하던 곳이다. 뒤편에는 서태후의 생활공간이 있고, 침실로 쓰였던 낙수당(乐寿堂)이 있다. 이 공간들은 서태후가 왕래하기 편하도록 설계되어 있다. 동쪽으로 나가면 광서황제의 황후가 머물던 의운관(宜芸馆)으로 연결되고, 의운관 앞문으로 나가면 옥란당(玉澜堂)이 있다. 서쪽으로 나가면 바로 장랑(长廊: 긴 행랑)이 나오는데 장랑에서 만수산 경치를 감상할 수 있다. 정문으로 나가면 배를 타고 호수에 갈 수 있도록 연결되어 있다.

⤵덕화원 德和园

서태후가 공연을 관람하기 위한 곳이었다. 대희대(大戏台: 공연을 하는 무대)는 높이가 21m에 달할 정도로 상당한 규모이며 지금까지도 보존 상태가 양호해 고궁(故宫)의 창음각(畅音阁), 승덕피서산장(承德避暑山庄) 청음각(清音阁)과 함께 3대 청나라 궁중 공연무대로 꼽힌다.

대희대는 복대(福台), 녹대(禄台), 수대(寿台)의 3층으로 되어 있으며 동시에 공연을 할 수 있다. 바닥에는 깊은 우물과 4개의 물 항아리가 있으며 이는 스피커의 효과를 냄과 동시에 파도와 물소리 등의 음향효과를 내는 역할도 했던 것이다.

⤵곤명호 昆明湖

곤명호는 이화원 조경 중 최고로 꼽힌다. 만수산과 함께 산과 호수가 어우러져 멋진 경관을 연출한다. 호수 위에는 30여 개의 다양한 모양의 다리가 있는데, 특히 아름다운 것은 십칠공교(十七孔桥)로 수면에 입체감을 준다. 6개의 다리가 연결된 서제(西堤:서쪽 제방)는 건륭황제의 야심작으로 항주 서호(西湖)의 소제(苏堤)를 모방한 것이다. 흰 색의 옥대교(玉带桥)는 유일한 아치모양의 석교로 호수에서 가장 아름다운 정경 중의 하나로 꼽힌다.

⬇ 만수산 앞산 万寿山前山

이화원의 정수는 만수산이다. 중심축을 이루는 산 밑의 배운문(排云门)부터 산 정상의 불향각이 정원의 균형을 잡고 있다.

장랑의 벽에는 신화이야기, 고전문학의 유명한 이야기를 소재로 1.4만 폭에 달하는 그림을 그려 놓았다. '유가(留佳)', '기란(寄澜)', '추화(秋水)', '청요(清邀)' 등 4개의 겹처마 지붕 팔각정은 장랑의 고저와 굴곡이 변하는 것을 조정해주며, 양쪽으로 펼쳐지는 풍경이 고저의 차이를 없애는 역할을 한다. 장랑을 걸어가면서 감상하는 변화무쌍한 경치는 이화원 최고의 볼거리이다.

⬆ 만수산 뒷산 万寿山后山

중향계(重香界), 지혜해(智慧海)를 연결하는 뒷산의 중심축에서 앞을 바라보면 한나라 때 티베트 식 불교 건축양식으로 지어진 향암종인각(香岩宗印阁), 사대부주(四大部洲), 라마탑(喇嘛塔)과 수미영경(须弥灵境)이 보인다. 좌우대칭의 조화와 화려함은 청나라 때 라마교를 숭상하면서 받은 영향이다.

⬇ 소주가 苏州街

뒷산 북문의 소주가는 육로가 아니라 수로이다. 건륭황제 시기에 수로 양쪽으로 강남양식의 상점들을 세우

고 배가 지나다니도록 만들었다. 마치 소주(苏州)의 수상시장을 연상케 한다. 삼공석교(三孔石桥)를 중심으로 양쪽으로 펼쳐져 있으며, 점포수는 약 60여개 남짓이며, 주점, 찻집, 전당포, 염색공방, 약방 등이 있다. 일하는 사람들이 모두 청나라 때 의복을 입고 있어서 과거로 돌아간 것 같은 느낌이 들 것이다.

⇩ 해취원 谐趣园

해취원은 넓고 화려한 이화원의 정원들 중 농후한 강남의 느낌이 살아있을 뿐 아니라 섬세한 건축기술을 엿볼 수 있는 곳이다. 건륭황제가 강남으로 내려와 무석(无锡)의 기창원(寄畅园)을 보고 그 아름다움에 감탄해 즉시 황가 정원 안에 그것을 모방하여 지은 것이다. 그 청아한 아름다움은 보는 이들의 마음을 사로잡는다.

자죽원 공원 紫竹院公园

즈주위엔꽁위엔
zǐ zhú yuán gōng yuán

🚶 P10A2

🚇 지하철4, 9호선 이용, 白石桥역에서 하차

🏠 海淀区白石桥路45号

📞 (010)8841-2890

🕐 5~9월: 6시~22시
10~4월: 6시~21시

💲 무료

자죽원 공원은 1953년에 건축되었다. 자죽(紫竹: 오죽)원이 있어 이러한 이름이 지어지게 되었다.

자죽원 내에는 자죽 외에 반죽(斑竹: 줄기 겉에 흑색의 무늬가 있는 대나무의 일종), 석죽(石竹), 금은옥수죽(金银玉寿竹) 등 60여 종의 다양한 대나무 품종이 있어 대나무 경관 공원이라 칭하기도 한다. 이러한 품종들은 중국 각 성에서뿐만 아니라 일본 등지에서도 들여온 것들이다. 현재 보유하고 있는 대나무만 무려 70여만 그루가 넘는다고 한다.

원명원 圆明园

위엔밍위엔 yuán míng yuán

- P8B3
- 지하철 4호선 圆明园 역에서 하차
- 海淀区清华西路28号
- (010)6263-7561
- 5~8월: 7시~19시
  4, 9, 10월: 7시~18시30분
  1~3월, 11~12월: 7시~17시30분
- 성인-10元, 학생-5元
  *서양루 유적지역: 성인-15元, 학생-5元
  →대수법(大水法), 전시관(展览馆), 미궁(迷宫)포함
  *원명원 전체 경관 모형전시: 성인-10元, 학생-5元

www.yuanmingyuanpark.com

원명원은 강희황제가 아들인 옹정황제에게 하사한 별장이었다. 옹정황제의 즉위 후에는 국사를 처리할 수 있는 곳과 신하들을 접견하는 장소를 증축했다. 또 건륭황제는 즉위한 후 6차례나 강남에 내려가 여러 유명한 정원의 특징을 도입하는 등 60여년 간 많은 노동력과 경비를 들여 원명원을 발전시키는 데 힘썼다. 심지어 항주 서호의 십경(十景)도 그대로 본 따 옮겨놓았다. 또한 장춘원(长春园), 기춘원(绮春园) 등을 건축해 원명원에 화려함을 더했다. 이러한 화려함 때문에 원명원은 '정원 중의 정원', '동방의 베르사유궁전' 등으로도 불

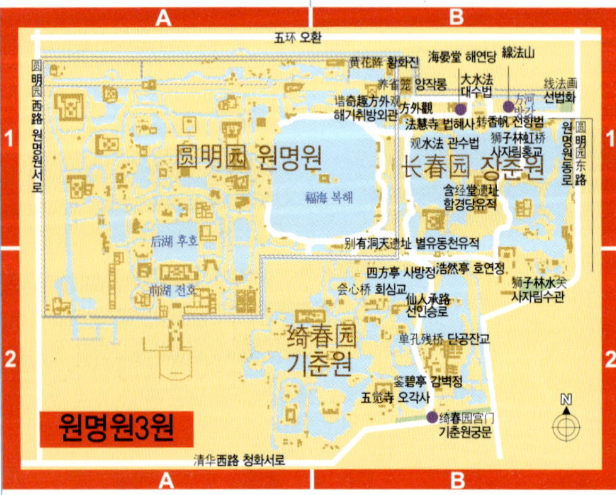

린다. 하지만 1860년, 영국과 프랑스 연합국의 공격으로 훼손되었으며, 1900년에 8개국 연합국의 약탈과 그 후의 내전 등으로 큰 손상을 입어서 현재는 그 흔적만 남아있다.

↑원명원 圓明园

원명원의 세 개의 정원 중 제일 먼저 건설되었다. 정원 내에는 본래 황제 접견실, 침실, 공연을 감상할 수 있는 곳, 무술 연마를 지켜보는 곳 등의 건축물이 있었으나, 지금은 대부분 소실되어 프랑스 파리 국가도서관 소장의 〈원명원40경(圆明园40景)〉이라는 기록을 통해서만 예전의 모습을 볼 수 있다.

↑장춘원 长春园

장춘원은 원명원에서 옛 모습이 가장 많이 남아 있는 곳 중의 하나이다. 작은 섬들과 다리가 넓은 수면을 구분 짓고 있으며, 각종 건축물(정자, 누각 등) 등, 20여 개의 볼거리가 있다. 현재 가장 볼 만한 것은 사자림(狮子林)과 서양루(西样楼)이다. 건륭황제가 노년에 머무르고자 준비했던 함경당(含经堂)은 원래 정원에서 가장 큰 건축물이었는데 현재는 연꽃만 가득해 안타까움을 주고 있다. 중국 정부가 고증작업을 진행하면서 지하의 난방설

비나 배수설비 등의 유적을 발굴하고 있어서 예전의 모습을 조금이나마 상상해볼 수 있게 되었다.

↑장춘원 사자림 长春园狮子林

동북문에 위치하는 사자림은 원래 소주(苏州)의 사자산을 모방한 것이었다. 지금은 돌들만 어지럽게 쌓여 있어서 여기에 아름다운 정원이 있었다는 것을 상상조차 하기 어려운 상황이다. 다만 아치형 다리와 호수 유람선 승선장의 흔적만이 간신히 남아 있을 뿐이다.

⇓장춘원 서양루 长春园西样楼

장춘원 서양루는 중국 최초의 유럽스타일 정원으로, 원명원을 대표하는 곳이다. 원명원 최고의 명소인 이곳은 황화진(黄花阵), 양작롱(养雀笼) 등 10여 개의 서양식 건축물과 정원이 조화를 이루고 있다. 대수법(大水法)은 서양루 내에서 가장 아름다운 분수로, 하나의 구멍이 있는데 그 구멍 아래에 대형 사자머리를 설치해 그곳에서 물이 뿜어져 나오도록 설계된 것이다. 아래에는 국화모양의 분수연못이 있고, 연못 중심에는 동으로 된 꽃사슴이 있는데 꽃사슴 뿔에서는 8개의 물줄기가 뿜어 나온다. 연못 양쪽에는 10마리의 동으로 된 개가 있고, 그 입에서도 물기둥을 이루며 솟아나오는 물이 물보라를 일으키고 있다. 서양루에서 가장 큰 분수건축은 해안당(海晏堂)으로 12지

간 모양으로 이루어진 분수이다. 12
지간의 순서대로 분수가 뿜어져 나
오며 수력종(水力钟)이라고도 부른
다. 유럽 귀족식 정원에서 자주 볼
수 있는 미로인 황화진에서는 매년
추석 전야에 등불축제를 열었다.
이때 궁녀들에게 연등을 주고 미로
에 들어가게 한 뒤 제일 먼저 중앙
정자를 찾는 사람에게 상을 주었다
고 한다.

기춘원 绮春园

기춘원은 만춘원(万春园)이라고
도 한다. 가경황제 때 주목받았던
정원으로 도광황제 초에는 황태후
의 정원으로 개조하였다. 현재 남
아 있는 곳은 기춘원, 궁문(宫门),
선인승로(仙人承露) 및 원명원에서
유일하게 남아 있는 단일 아치형
다리의 일부뿐이다.

풍립송 서점 风入松书店
펑리쏭슈띠엔 fēng rù sōng shū diàn

P10A1

지하철 4호선 中关村 역에서
하차

海淀区海淀路40号(北大南
门쪽资源西楼)

(010)6254-6356

풍립송 서점은 북경대학 부근에
위치하고 있다. 이 서점은 북경대
학 왕위(王炜)교수가 1995년에 설
립한 것으로 학술에 조예가 깊은
경영진이 창의적이고 독특한 브랜
드 이미지를 구축했다. 또 그 이미
지에 부합하는 책들을 선별하여 독
자들에게 새로운 독서방향을 제시
한다. 또 서점 내에서 토론회와 같
은 문화 활동 등도 활발하게 개최
되고 있다. 많은 중국학술계의 유
명 인사들이 이 서점을 방문했으
며, '북경시 유명브랜드'로 특허인
증을 받을 정도로 특색 있는 서점으로
꼽힌다.

쇼핑

동물원 의류도매시장

北京动物园成衣批发市场

베이징동우위엔청이피파스창

běi jīng dòng wù yuán chéng yī pī fā shi chǎng

🛩 P10B2

🚇 지하철 4호선 动物园 역에서 하차

북경동물원의류도매시장은 북경 시내 최대 규모의 의류 도·소매 밀

집지역이다. 일반 시장이나 상점보다 훨씬 저렴하게 구입할 수 있어 많은 북경시민들이 이곳을 찾는다. 이곳에서 10원 정도 하는 옷이 가까운 거리에 있는 오도구(五道口) 소매점에서는 100원, 서단(西单)번화가에서는 200원에 판매될 정도로 가격의 차이가 극심하다. 도매 시간은 아침 5,6시부터 오후 3시까지이므로 저렴한 가격에 구매하려면 아침 일찍부터 서두르는 게 좋다. 사람이 많으므로 지갑 등 소지품 단속에 주의해야 한다.

식당

백가대택문식부

白家大宅门食府

바이지아따짜이먼스푸

bái jiā dà zhái mén shí fǔ

🛩 P10A1

🚌 버스 386, 725, 944번 승차, 海淀南路에서 하차

🏠 海淀区苏州街29号

📞 (010)6265-8851

🕐 11시~22시

백가대택문식부의 전신은 청나라 때의 예친왕화원(礼亲王花园)이다. 민국(民国) 초기에 '동인당(同仁堂)'으로 소유권이 넘어가 개인 주택으로 바뀌었고 이름도 '악가화원(乐家花园)'으로 개명됐다. 백가대택문식부가 처음 세워졌을 때는 기암괴석과 연못, 누각이 있는 정원을 갖추고 있어 옛날 왕궁의 풍모가 느껴졌다고 한다.

대문으로 들어가면 중국 역사 드라마에서나 나올 법한 궁녀들이 손에 손수건을 들고 '닌지샹(您吉祥: 황족에게 하는 문안인사)'이라고 인사를 한 뒤 길을 안내한다. 마치 청나라 때로 타임머신을 타고 간 것 같은 착각이 들 정도이다. 음식에서는 더욱 귀족적인 분위기가 느껴진다.

금생륭 · 폭두풍
金生隆 · 爆肚冯 찐셩롱 · 빠오뚜펑
jīn shēng lóng · bào dù féng

 P10B1

 버스 21, 55, 315, 941, 939, 804, 849, 834, 735번 승차, 健德桥에서 하차

 北京海淀区北土城西路103号

 (010)6527-9051

 11시~23시

　북경에서 '빠오뚜(소나 양의 위를 기름에 살짝 튀겨먹는 음식)'를 잘 하는 집이 어디냐고 묻는다면 이곳

이라고 대답할 것이다. 이곳은 중국음식협회가 추천하는 영양과 맛을 모두 갖춘 곳이다. 이곳의 요리 책임자는 국가에서 인증하는 자격증을 갖춘 최고 실력의 요리사이다.

　청나라 광서황제 19년에 설립된 이 식당은 초기에는 노안동시장(老安东市场)에서 장사를 하다가 크게 인기를 얻자 제2대 주방장인 풍금생(冯金生)이 청나라 음식 전문점으로 발전시켰다.

등격리탑랍 騰格里塔拉
텅거리타라 téng gé lǐ tǎ lā

 P10A3

 버스 121, 414, 601, 846, 850번 승차, 定慧寺에서 하차

 海淀区 西翠路 沙沟路口北

 (010)6815-0808

 11시20분~13시30분, 18시~21시30분

　텅거리타라는 몽골어로 '하늘 위의 초원'이라는 뜻이다. 이곳은 북경에 있는 음식점 중 가장 큰 공연 무대를 갖고 있는 곳으로 전문배

우들이 '어얼투어쓰 혼례(鄂尔多斯婚礼)'를 공연한다. 무대에서 배우들은 몽골족의 아름다운 무용뿐만 아니라 신랑 신부가 무대로 내려와 술을 따라주고 시엔하다(몽골의 풍습으로 귀한 손님에게 감사함의 뜻으로 황색이나 백색의 천을 주는 것)를 하면서 손님들의 흥을 돋운다.

　몽골전통 공연을 보면서 몽골인 주방장이 만든 '양 바비큐', '쎠우타러우', '펑간니우러우' 등의 특색 있는 몽골 음식을 맛 볼 수 있다.

청려관반장 听骊馆饭庄
팅리관판좡 tīng lí guǎn fàn zhuāng

- P8B3
- 지하철 4호선 颐和园 역에서 하차
- 海淀区颐和园内에 소재
- (010)6288-1608
- 11시~15시, 17시~21시

이화원 안에 위치해 있는 청려관반장은 청나라 건륭황제가 모후의 생일을 축하하기 위해 지은 곳이다. 후에 서태후가 외국사신을 접대하는 장소 및 신하들과 공연을 관람하는 장소로 사용했다. '청려관'이란 이

름은 꾀꼬리 소리를 흉내 내는 공연에서 유래되었다고 한다.

청조의 마지막 궁정요리사의 지도를 받아 각종 궁정요리들을 선보이고 있으며 황궁의 분위기를 눈으로 즐기고 맛으로 느낄 수 있는 곳이다.

H 숙박

HOTEL BEI JING ZHAN LAN GUAN 北京展览馆宾馆
- P10B2
- 西城区西直门外大街135号
- (010)6831-6633
- 588~1,188元

ZI YU HOTEL 紫玉饭店
- P10A2
- 海淀区西三环北路增光路55号
- (010)6841-1188
- 328~2,888元

WAN NIAN QING HOTEL 万年青宾馆
- P10A2
- 海淀区西三环北路25号
- (010)6842-5154
- 268~698元

RAILWAY HOTEL 北京铁路大厦
- P10A3
- 海淀区北蜂窝102号
- (010)5187-9199
- 480~1,600元
- www.bj-railwayhotel.com.cn

MEDIA CENTER 梅地亚中心
- P10A3
- 海淀区复兴路乙11号
- (010)6851-4422
- 780~2,080元
- www.mediacenter.com.cn

JI MEN HOTEL 蓟门饭店
- P10B1
- 海淀区蓟门桥北侧学院路
- (010)6201-2211
- 338~488元

북경의 남쪽과

외곽지역

숭문구

崇文区 총원취 chóng wén qū

선무구

宣武区 쉬엔우취 xuān wǔ qū

숭문구는 북경시의 동남쪽에 자리 잡고 있다. 세계문화유산인 천단공원(天坛公园)과 북경명성벽유적(北京明城墙遗址) 및 번화한 전문 대가(前门大街) 등이 있는 곳이다. 경태람(景泰蓝), 상아조각(牙雕), 옥기(玉器), 퇴주(雕漆) 등 북경 공예미술의 '4대 유물'로 명성을 얻고 있는 업체들도 대부분 이곳에 위치해 있다.

선무구는 북경시의 서남쪽에 있으며 청나라 초기 한족의 조정관리 및 선비들이 거주했던 곳이다. 유리창(琉璃厂)은 문인들의 교류중심지였으며, 대책란(大栅栏), 천교(天桥) 등지는 주변의 거리문화와 유흥업이 발전하면서 형성된 거리이다.

👁 명소

전문대가 前门大街

치엔먼따지에 qián mén dà jiē

🔺 P11D4

🚇 지하철 2호선 前门 역에서 하차, 正阳门城楼 남쪽으로 도보

전문 대가에는 북경에서 가장 오래된 광장과 경극 극장, 오리구이 전문점인 편의방(便宜坊), 전취덕(全聚德), 그리고 건륭황제가 이곳의 *소매를 맛본 후 극찬하여 상호를 하사했다고 전해지는 도일처 호텔(都一处饭店)을 포함하여 정명재(正明斋-제과점), 지미재(致美斋-*혼돈점), 육필거(六必居-*장채점), 구룡재(九龙斋-*산매탕), 월성재(月盛斋-양고기 조림) 등 북경의 유명한 식당들이 거의 다 모여 있다. 또한 동인당(同仁堂-약국), 서부상(瑞蚨祥-주단), 내련승(内联陞-신발가게) 등 유명한 상점들도 많다.

*소매(烧卖: 샤오마이, 여러 가지 소를 얇은 피에 넣고 찐 작은 만두의 일종)

*혼돈(馄饨: 훈뚠, 물만두의 일종, 주로 만둣국처럼 끓여먹음)

*장채(酱菜: 쟝차이, 된장에 절인 야채)

*산매탕(酸梅汤: 쏸메이탕, 새콤달콤한 매실음료)

법원사 法源寺

파위엔쓰 fǎ yuán sì

P11C4

지하철 4호선 菜市口 역에서 하차, 남쪽으로 도보, 南横西街에서 우회전한 후 공원의 녹지를 횡단하면 북쪽으로 보이는 작은 골목이 法源寺前街

宣武区法源寺前街7号

(010)6383-3966

8시30분~15시30분

5元

이오(李敖: 대만의 문학가이자 정치인)가 쓴 '북경법원사(北京法源寺)'가 2000년 노벨문학상을 수상한 뒤 더욱 유명해진 곳이다. 북경 시내에 현존하고 있는 불교사원 중 가장 유구한 역사를 가지고 있다.

당 초기 때 건립되어 여러 차례의 보수를 걸쳤고 오늘날에는 중국불교대학과 중국불교도서문화관이 세워졌다.

경내에 있는 4개의 구역 가운데 첫 번째 구역에는 천왕전(天王殿)이 있고 그 안에는 4대 천왕과 포대화상이 있다. 두 번째 구역에는 대웅보전(大雄宝殿)이 있고 석가모니와 문수보살 그리고 보현보살이 있으며 세 번째 구역에는 민충대(悯忠台)라고도 불리는 관음각(观音阁)이 있는데 석조들을 진열해 놓았다. 네 번째 구역에는 장경관(藏经馆)이 있으며 한나라부터 수·당나라까지의 석조조상(石雕造像)이 진열되어 있다.

명성벽유적공원

明城墙遗址公园

밍청치앙이쯔꽁위엔
míng chéng qiáng yí zhǐ gōng yuán

P11D4

버스 102, 103번 승차, 北京站에서 하차

崇文门东大街小巷

(010)6527-0574

8시~17시30분

각루(角楼)-10元

명나라 때 북경성의 성벽으로 1419년에 만들어졌으며 현재는 숭문문(崇文门)에서부터 성동남각루(城东南角楼)의 일부분이 남아있을 뿐이다. 성동남각루는 전체 길이 1.5km로 중국의 최대 규모의 성벽 성루이다.

북경시는 당초 남겨진 유적을 보호하기 위한 용도로 명성벽유적공원을 설립했다. 공원은 인공적인 장식이 들어가지 않은 옛 성벽 그대로의 모습을 유지하여 고즈넉하지만 복고적인 아름다움을 전해주고 있다.

천단 天坛

- P11D4
- 지하철 5호선 天坛东门 역에서 하차
- 崇文区天坛路
- (010)6702-8866
- 천단 4대문(天坛四大门)-6시~22시
  - 3~6월: 8시~17시30분
  - 7~10월: 8시~18시
  - 11~2월: 8시~17시
  - *폐관 1시간30분 전에 티켓판매 중지
- (성수기)4~5월: 쿠폰-35元, 입장권-15元
  - (비성수기)11~3월: 쿠폰-30元, 입장권-10元
- www.tiantanpark.com

1402년에 지어진 천단은 전 세계에서 가장 큰 제단 건물로 명·청 양대를 걸쳐 황제가 제천의식을 행하던 곳이다. 전체 외관은 '천원지방(天圓地方: 하늘은 둥글고 땅은 사각이란 뜻)'의 의미를 표현하고 있다. 외벽은 북원남사벽(北圓南方墙: 북쪽은 둥글게 남쪽은 사각 벽을 형성)으로 만들었다. 내단은 다시 남북 두 부분으로 나눠지는데 북쪽은 '기곡단(祈穀坛: 곡식에게 기원하는 제단)'으로 황제가 봄이 되면 풍년을 기원하는 곳이었고, 남쪽은 '원구단(圜丘坛: 하늘에 제사를 드리는 제단)'으로 황제가 동지 때 이곳에서 하늘에 제사를 지냈다. 원구(圜丘)는 건물의 중심 부분이기도 하다. 남북 두 제단은 지면에서 높이 떨어져 있는 단폐교(丹陛桥)로 천단(天坛)과 연결되는 중축에 있으며 양측으로는 대량의 측백나무를 심었다.

천단은 1998년에 세계유산에 등재되었다. 수학의 원리를 절묘하게 이용한 원구단, 성학의 원리를 바탕으로 한 회음벽(回音壁), 삼음석(三音石)과 대화석(对话石), 들보 없이 만들어진 기이한 기년전(祈年殿)은 5대 볼거리로 꼽힌다.

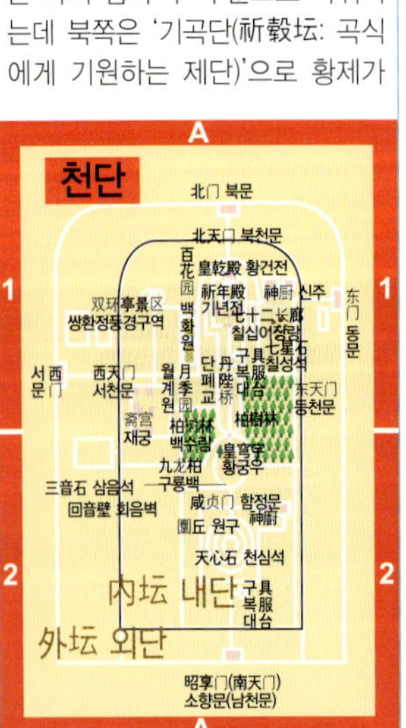

기년전·기곡단 祈年殿·祈穀坛

기년전은 북경의 건축 양식을 대표하는 것이라 할 수 있다. '천수(天数)'에 따라 건물을 지었으며 '경천례신(敬天礼神: 하늘을 경외하며 신에게 예를 갖춘다.)'이라는 의미를 담고 있다. 영원함을 상징하는 숫자 '9'를 중첩한 99m의 높이를 가지는 전당은 전체 천장의

서 다시 3층의 기둥을 더하면 천상의 28개의 별자리를 의미한다. 천장에 있는 8개의 동자기둥까지 합하면 모두 36개가 되는데 이는 북두칠성을 나타내는 것이다.

황건전 皇干殿

황건전은 기곡단의 "천고(天庫)"로 1420년에 건립되었다. 대전 지붕(庑殿顶)은 5칸이며 지붕 위에 파란색 유리기와를 덮었다. 기백이 넘치는 이곳의 편액은 명나라 가정(嘉靖)황제가 친히 쓴 것이다

72장랑 七十二长廊

기곡단 동쪽 벽돌문 밖에 서까래와 처마로 연결한 주홍색 기둥과 녹색 기와로 지어진 긴 복도가 있다. 원래 75칸이었다가 건륭이 72칸으로 바꿨는데 그 안에는 72지살(七十二地煞)의 뜻이 담겨 있다. 제사를 지낼 때 쓰는 물건을 운송하

주변 높이도 한 달을 뜻하는 '30'으로 맞추었다. 대전 중심부의 대들보를 떠받치고 있는 4개의 기둥은 1년 사계절을 상징하며 중간층의 금 기둥 12는 1년의 12개월을 상징한나. 외부에 있는 처마기둥 12기는 하루의 12시간을 상징하며 외부의 기둥을 모두 더하면 24개인데 이것은 1년의 24절기를 상징한다. 여기

는 통로였지만 아름다운 채화 들보와 넓은 공간이 엄숙하고 경건한 분위기를 부드럽게 만들어 주고 있다.

⤊칠성석 七星石

72장랑의 동남쪽에 넓은 잔디광장이 있다. 이 광장에는 칠성석이라 불리는 8개의 들쑥날쑥한 큰 돌이 있다. 이름은 칠성석이지만 돌은 8개인데 이는 청나라에 들어와 황제가 고의로 더 놓은 것이라는 설이 있다. 청나라의 황제가 민심을 수습하기 위해 '화하일가인, 강산일통(华夏一家人，江山一统)'을 주장하며 만주족도 한족의 한 일원이라는 것을 강조한 것이라고 한다.

⤊쌍환정자경치구 双环亭景区

만수정(万寿亭)은 건륭황제가 생모의 장수를 기원하며 지은 것이다. 원래 중남해(中南海)에 있다가 이곳으로 옮겨졌다. 쌍환정(双环亭)은 복숭아 모양이다. 낮은 계단에 2개의 각이 뾰족하게 나와 있는 것은 화합, 길조, 장수를 뜻한다고 한다. 건륭이 얼마나 모후의 장수를 염원했는지 충분히 알 수 있는 상징이다. 만수정의 천장에 새겨진 무늬 역시 매우 특별한 의미를 가지고 있다.

⤊단폐교 丹陛桥

천단의 내단(内坛)을 중축한 단폐교는 해만대도(海墁大道)라고도 부른다. 이것은 남북의 넓은 도로를 관통하며 원구단과 기곡단을 연결시켜준다. 하단 쪽에 동굴을 포함해 동, 남쪽으로 연결된 통로가 있다. 길이 360m, 넓이 30m, 지면에서의 높이가 4m로 단폐교라고 불리게 되었다.

⬅황궁우 皇穹宇

원구단과 황궁우 간의 유리문을 지나 들어가면 바로 천단의 "천고"가 있다. 곧 회음벽이 두르고 있는 황궁우와 좌우 대전을 천고라 하는 것이다. 평상시에는 황천상제와 신패를 안치한다. 황궁우전(皇穹宇殿) 내부는 8개의 처마기둥과 8개의 금 기둥이 지붕을 받치고 있고 위로 두공이 층층이 겹쳐져 천장이 점점 좁아지는 웅장한 중앙 원형 지붕으로 예술적인 가치가 매우 높다.

⬇삼음석·대화석 三音石·对话石

황궁우 단폐교 앞의 어도(御道: 황제가 걷는 길)에는 끊임없이 박수를 치고 있는 여행객들로 가득하다. 이는 어도에 깔린 석판에서 박수를 치면 석판의 숫자만큼 박수소리가 되돌아오기 때문에 그것을 경험하기 위한 것이다.

대화석은 18번째 석판이 관건이다. 그 위에 서서 동배전(东配殿) 동북각(东北角) 또는 서북전(西北殿) 서북각(西北角)에 있는 사람과 정확하게 대화를 나눌 수 있다.

⬆회음벽 回音壁

회음벽은 천고의 원형으로 둘러싼 벽을 말하는데 벽체가 견고하며 빛이 나서 완전한 반사음파가 일어난다. 게다가 원주곡률이 정확하여 소리가 벽 내면을 따라 연속으로 반사되어 앞으로 전달이 된다. 동·서배전(东·西配殿) 뒤의 회음벽 앞에 서 있다가 얼굴을 북으로 향해 가벼운 소리로 대화를 하면 양쪽 모두 깨끗한 소리를 들을 수 있다.

⬆원구단 圜丘坛

원구단은 황제가 제사를 지내던 곳이다. 9는 단수 중에 가장 큰 '천수(天数)'이기 때문에 황제는 제단이 있는 모든 곳을 9와 연관시켰다. 가운데의 원형 대리석은 천심석(天心石), 태극석(太极石)이라 칭한다. 소리가 울리기 때문에 사람이 위에 서서 말을 하면 무게 있고 낭랑한 소리처럼 느껴진다. 역시 많은 사람들이 큰 소리를 내며 시험해 보는 광경을 볼 수 있다.

⬇재궁 斋宫

소황궁(小皇宫)이라고도 칭하는 재궁은 황제가 제천이나 풍년을 기리는 제사를 하기 전 3일 동안 재계(斋戒: 몸을 깨끗하게 함)하던 곳이다. 서천문(西天门)에 인접해 있으며 황제의 안전을 위해 벽을 이중으로 둘러싸고 성 주위에 강을 만들었다. 정전(正殿) 내의 구도는 굉장히 간단하다. 재궁과 정전은 건륭황제 때 배치한 그대로를 유지하고 있으며 보좌 위에 걸려 있는 "흠약호천(钦若昊天)"도 건륭황제의 친필이라 한다.

대책란 大栅栏

따스랄 dà shí lànr

P11C4

지하철 2호선 前门 역에서 하차

대책란의 중국어 발음은 '따쟈랄 (栅의 발음은 원래 zhà-쟈라고 읽는다)'이 아니라 '따스랄'이라고 해야 한다. 만약 '따쟈랄'이 어디냐고 물어본다면 북경 사람 아무도 당신이 어디를 얘기하는지 못 알아들을 것이다. 명나라 때 들어와 치안을 유지하기 위해 거리에 울타리를 설치하기 시작했는데 이곳의 울타리는 상인들이 돈을 모아 설치한 것이다. 지역이 비교적 컸기 때문에 울타리도 자연히 커질 수밖에 없었고 '대책란'이라는 이름이 생기게 되었다.

오늘날 이 거리에는 백 여 년의 역사를 가지는 전통 있는 가게들이 많다. 동인당(同仁堂: 약국), 서부상(瑞蚨祥: 주단), 마취원(马聚元: 모자전문점), 내련승(内联陞: 신발가게) 등이 모두 유구한 역사를 가지고 있는 유명한 상점들이다. 하지만 이러한 전통 있는 가게들 외에 다른 상점들은 품질이 낮은 물건을 취급하거나 가격을 속일 수도 있기 때문에 구매할 때는 신중을 기해야 한다.

동인당 同仁堂

北京前门外大栅栏24号
(010)6303-1155
www.tongrentang-yaodian.com.cn

동인당은 청나라 강희황제 8년에 약현양(药显扬) 선생이 설립한 약방이다. 당(堂)의 이름은 '동인(同仁)'이며 이 글자는 역경(易经)에 있는 '사람과 화목하며 사심이 없는 넓은 마음으로 하늘의 뜻에 따라 때를 기다리면 얻는 것이 많다(和同於人, 宽广无私, 应天时行, 是以大有)'는 구절에서 유래한 것이다. 또 '인격과 덕을 수양하며 민생을 구하고 보양하라(同修仁德, 济世养生)'라는 것이 바로 동인당의 정신이다.

서부상 瑞蚨祥

北京前门外大栅栏街5号
(010)6303-5764
www.ruifuxiang.cn

서부상은 1893년에 문을 연 이래로 그 명성이 해외까지 알려진 유서 깊은 가게이다. 북경에는 예부터 '머리에는 마취원을 쓰고 서부상

옷을 입고 네이리엔셩을 신는다네
(头顶马聚源, 身穿瑞趺祥, 脚踩
内联陞)'라는 민요가 전해 내려오
고 있다.

가게이름은 돈을 비유하는 청부
(青蚨)라는 고전 이야기에서 따왔
다고 한다. 청부라는 곤충은 어미
와 새끼가 아무리 멀리 떨어져 있
어도 서로를 꼭 찾아내는 습성이
있다. 그래서 청부어미와 새끼의
피를 각각 다른 돈의 한 귀퉁이에
바르면 어떤 돈을 먼저 사용해도
반드시 돈 주인에게 돌아온다고 한
다. 사업의 번영과 부를 위해 길조
를 상징하는 이름을 지은 것이다.

내련승 内联陞

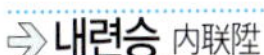

🏠 北京前门外大栅栏街34号
📞 (010)6301-4863
🌐 www.nlsxy.com

내련승은 1853년에 문을 연 가게
이다. 여러 겹의 천을 굵은 삼실로

박아서 만든 전통 헝겊 신발로 국
내외적으로 널리 알려져 있다. 순
모재료, 순면, 소가죽, 삼노끈 등을
원재료로 수공 바느질하여 제작한
이곳의 신발은 바람이 잘 통하며
겨울에는 추위를 막아주고 여름에
는 땀을 흡수해 준다고 한다.

이원극장 梨园剧场

리위엔쥐창징쥐비아오이엔
Lí yuán jù chǎng jīng jù biǎo yǎn

🔺 P11C4
🚌 버스 6, 15, 822번 승차, 永安
路에서 하차
🏠 宣武区永安路175号(전문 건
국호텔 1층)
📞 (010)6301-6688
💲 150元~480元(좌석에 따라 다
름)
🌐 www.qianmenhotel.com/
liyuan

이원극장은 북경 남쪽 전문건국
호텔(前门建国饭店)에 위치해 있

다. 북경시에서 전문적으로 관광객
들이 경극을 감상할 수 있도록 만
든 극장이다. 극장 내에는 경극에
사용하는 가면과 도구들이 곳곳에
전시되어 있다. 경극을 감상하면서
명나라 팔선식탁(八仙桌)에 앉아
중국차와 디저트를 즐길 수 있다.
극장에서 공연하는 경극들은 패왕
별희(霸王别姬), 삼차구(三岔口),
십옥탁(拾玉镯), 팔선과해(八仙过
海), 추강(秋江) 등이다.

대관원 大观园
따꽌위엔 dà guān yuán

- P10B5
- 버스 59, 819, 717, 122, 721, 806, 939, 816번 승차, 大观园에서 하차
- 宣武区南菜园街12号
- (010)6354-4994
- 8시30분~16시30분
- 성인-40元, 학생-20元
- www.bjdgy.com

대관원은 작가 조설근(曹雪芹)의 중국 고전 소설인 '홍루몽(红楼梦)'의 배경을 현실에 재현한 것이다. 화원 중앙의 건물, 산수가 어우러지는 조경, 각종 나무와 화초를 심어 생동감 넘치는 정원 등을 원작 그대로 살려내었다.

유명한 이홍원(怡红园), 소상관(潇湘馆), 형무원(蘅芜园), 철면루(缀绵楼)와 추상재(秋爽斋)를 볼 수 있을 뿐 아니라 또한 원비(元妃)가 결혼했던 행궁대관루(行宫大观楼)도 볼 수 있다. 그밖에 용취암(拢翠庵), 난향오(暖香坞), 노설정(芦雪庭), 홍향포(红香圃), 가음당(嘉荫堂), 취연교(翠烟桥) 등 40여 곳의 경관이 모두 아름답다.

유리창문화거리 琉璃厂文化街
리우리창원화지에
liú lí chǎng wén huà jiē

- P11C4
- 지하철 2호선 和平门 역에서 하차, 남쪽으로 도보10분
- 琉璃厂东街及西街
- 영업시간은 각 상점에 따라 다름(보통 9시~17시30분)

유리창은 원나라 때 설치관(设置馆)에서 가마에 구워 만든 오색의 유리 기와로 유명해진 곳이다. 이 유리 기와로 집을 만드는 것이 청나라 건륭황제 때까지 이어졌고 이곳에 점차 서점, 표구사, 도장가게 등이 생겨나기 시작하며 인문적인 거리로 발전하게 되었다. 유리창의 비범하고 고풍스러운 분위기는 백년의 세월을 통해 다져진 매력이다. 거리에 들어서면 대월헌(戴月轩), 췌문각(萃文阁), 영보재(荣宝斋), 청비각(清秘阁) 등 크고 작은 전통상점들이 방문객을 맞이한다. 진본서적, 문방사우에 대한 추억이나 로망이 있는 사람이라면 절대 빈손으로 갈 수 없을 것이다.

쇼핑

홍교시장 红桥市场

홍치아오스창 hóng qiáo shì chǎng

 P11D4

 지하철 5호선 磁器口 역에서
하차

崇文区天坛东路与法华寺街口
8시30분~19시(부정기)

홍교시장은 품질도 좋고 가격도 저렴한 상품이 갖춰진 쇼핑명소이다. 다양한 상품의 증가와 수수가 보다 훨씬 저렴한 가격으로 최근 몇 년 사이 지명도가 급격히 상승하였다. 특히 진주와 가죽의류 및 가전용품은 가격에 비해 훨씬 훌륭한 품질을 자랑한다.

식당

우가 牛街

니우지에 niú jiē

 P11C4

 지하철 4호선 菜市口 역에서
하차, 서쪽 방향으로 广安门
内大街를 따라 도보, 牛街교
차로에 도착

우가는 북쪽 광안문내대가(广安门内大街)부터 남쪽 백광로대가(白广路大街)까지 이어지는 북경 최대의 회교민족 거주지이다. 중앙아시아의 무슬림 신도들이 대략 송나라 때부터 이곳에 정착하기 시작한 것으로 알려져 있다. 이곳에서는 정통 회족 요리를 맛 볼 수 있으며 특히 쇠, 양고기 요리와 디저트가 유명하다. 오늘날에는 대부분

의 식당들이 우가 청진사(清真寺) 앞 100m 근방에 집중되어 있다. 우가 청진사는 북경에서 가장 오래된 회교사원으로 규모 또한 가장 크다. 북송 때 만들어져 명·청나라 때 전체를 보수한 후로 현재까지 보존되어오고 있다. 건물의 외관은 중국 궁전 스타일이고 내부는 아라비아 식 건축양식으로 아름답게 꾸며져 있다. 이곳을 방문할 때는 반드시 회족풍속을 존중해야 한다는 점에 유의하자.

마극서모 马克西姆
마커시우 **mǎ kè xī mǔ**

 P11D4

 지하철 5호선 崇文门 역에서 하차

 崇文门西大街2号(崇文门饭店2楼)

 (010)6512-1992

 11시~14시, 17시~22시

북경에서 이같은 정통 프랑스 레스토랑은 찾아보기 어렵다. 유명 브랜드인 피에르 가르뎅(Piere Cardin)사 계열로 중국전역에서 유일한 직영점이라 더욱 가치 있게 느껴진다.

이곳의 음식에는 모두 프랑스 현지의 깊은 맛이 담겨져 있다. 현대적인 스타일의 인테리어가 유행처럼 번졌을 때에도 여전히 프랑스 황실의 고전적인 분위기를 유지하여 오늘날에 이르고 있다.

이곳에 오면 머나먼 프랑스에 온 것 같은 착각이 들 것이다.

H 숙박

FAR EAST INTERNATIONAL YOUTH HOSTEL 远东国际青年旅舍

 P11C4

 宣武区铁树斜街90号

 (010)5195-8811

 238元~328元

 www.fareastyh.com

QIAO YUAN HOTEL 侨园饭店

 P11C5

 丰台区右安门外东滨河路135号

 (010)6303-8861

 430元~980元

TAO RAN GARDEN HOTEL
淘然花园酒店

 P11C5

 宣武区太平街19号

 (010)6354-3366

 480元~1,680元

TIAN TAN SPORTS HOTEL
天坛体育宾馆

 P11D4

 宣武区体育馆路10号

 (010)6711-3388

 320元~880元

 www.tiantihotel.com

LEO HOSTEL 广聚元饭店

 P11C4

 宣武区大栅栏西街52号

 (010)8660-8923

 45元~270元

 www.leohostel.com

FAR EAST HOTEL 远东饭店

 P11C4

 宣武区铁树斜街90号

 (010)5195-8561

 238元~608元

북경 외곽지역

北京郊区 베이징지아오취 běi jīng jiāo qū

　북경에 오면 반드시 둘러봐야 하는 세계적인 명승지 만리장성과 명13릉(明十三陵), 청동릉(清东陵), 서릉(西陵) 및 사원고찰 등은 모두 넓고 광활한 교외에 분포되어 있다. 하북성(河北省)만 넘으면 각양각색의 풍경들이 펼쳐지며 여행객에게 깊은 인상을 남겨준다. 한 곳 한 곳이 다 빠뜨릴 수 없는 명소인 것이다. 최근 몇 년간 세계 건축예술과 관련인사들의 주목을 받고 있는 장성각하적공사(长城脚下的公社)의 켐핀스키 호텔(凯宾斯基酒店: KEMPINSKI HOTEL)은 새로운 휴식공간으로 자리매김하고 있다. 또 이 지역은 수목이 울창하고 공장지대가 거의 없어 여름에도 기온이 북경시내보다 섭씨3도 이상 낮아 피서지로도 인기가 많다.

북경 시 관광전용 노선버스

◎游1路-거용관(居庸关), 팔달령(八达岭), 13릉(十三陵)
- 前门(东北角)
- 매일: 6시30분~10시30분
- 보통 –38元, 에어컨–45元, 고급–50元

◎游1支-거용관(居庸关), 팔달령(八达岭), 13릉(十三陵)
- 丰南马厂, 万源路, 六里桥
- 매일: 7시~8시
- 보통–38元, 에어컨–45元, 고급–50元

◎游2路-거용관(居庸关), 팔달령(八达岭), 13릉(十三陵)
- 북경 역(104역), 厉博西门
- 매일: 6시30분~10시
- 보통–38元, 에어컨–45元

◎游2支-거용관(居庸关), 팔달령(八达岭), 13릉(十三陵)
- 崇文门(东南), 宣武门(东北角), 航太桥, 公主坟
- 매일: 6시30분~9시30분
- 보통–38元, 에어컨–45元

◎游3路-거용관(居庸关), 팔달령(八达岭), 13릉(十三陵)
- 东大桥(350번 종점)
- 매일: 6시30분~10시
- 보통–38元, 에어컨–45元

◎游3支-거용관(居庸关), 팔달령(八达岭), 13릉(十三陵)
- 和平街北口, 安定门
- 매일: 6시30분~8시30분
- 보통–38元, 에어컨–45元

◎游3支—거용관(居庸关), 팔달령
(八达岭), 13릉(十三陵)
🏠 北太平庄(西北), 双安商场西
侧, 东四十条(42번 종점),
展览中心(燕丰路口西南角)
🕐 매일: 7시~7시30분
💲 보통—38元, 에어컨—45元

◎游4路—거용관(居庸关), 팔달령
(八达岭), 13릉(十三陵)
🏠 动物园(27번 종점), 苹果园
(326번 종점), 永定路(334번
종점), 西直门
🕐 매일: 6시~10시
💲 보통—38元, 에어컨—45元

◎游5路—거용관(居庸关), 팔달령
(八达岭), 13릉(十三陵)
🏠 前门西大街东口
🕐 매일: 6시~10시
💲 고급—50元

◎游5支—거용관(居庸关), 팔달령
(八达岭), 13릉(十三陵)
🏠 前门(大碗茶商社), 复兴门
(百盛门前)
🕐 매일: 7시~9시
💲 보통—38元, 에어컨—45元

◎游6路—모전유(慕田峪), 홍라사
(红螺寺), 안서호(雁栖湖)
🏠 东四十条(42번 종점), 航太桥,
公主坟, 宣武门(东北角: 매일출
발), 和平街北口(다리 아래)
🕐 4/15~10/15(연속 두 번 쉬는
날)6시30분~8시
💲 보통—36元, 에어컨—45元

◎游7路—담자사(潭柘寺), 석화동
(石花洞), 계대사(戒台寺)
🏠 阜成门(335,336번 하차 역),
宣武门, 和平街北门, 前门
🕐 4/15~10/15(연속 두 번 쉬는
날)6시30분~8시
💲 보통—40元, 에어컨—50元

◎游8路—용경협(龙庆峡), 팔달령(八
达岭), 야생동물원(野生动物园)
🏠 前门, 安定门(지하철서북출
구), 和平街北门, 航太桥
🕐 4/15~10/15(연속 두 번 쉬는
날)6시30분~8시
💲 보통—40元, 에어컨—50元

◎游10路—십도(十渡), 운거사(云
居寺), 호산채(狐山寨)
🏠 前门, 宣武门, 阜成门, 和平
街北门
🕐 4/15~10/15(연속 두 번 쉬는
날) 6시30분~8시
💲 보통—40元, 에어컨—50元

◎游12路—백용담(白龙潭), 사마
대장성(司马台长城)
🏠 和平街北口, 东四十条(豁
口), 宣武门, 航太桥, 公主坟
🕐 4/15~10/15(연속 두 번 쉬는
날)6시30분~8시30분
💲 보통—50元, 에어컨—60元

◎游14路—금해호(金海湖), 경동
대협곡(京东大峡谷)
🏠 东大桥, 崇文门, 宣武门
🕐 4/15~10/15(연속 두 번 쉬는
날)6시30분~8시
💲 보통—40元, 에어컨—50元

◎游16路—홍라사(红螺寺), 청룡
협(青龙峡)
🏠 崇文门, 宣武门, 东四十条
(豁口), 和平街北口
🕐 4/15~10/15(연속 두 번 쉬는
날)6시30분~8시
💲 보통—36元, 에어컨—50元

◎游18路—반산(盘山), 석취원(石
趣园)
🏠 宣武门, 安定门(지하철서북
출구)
🕐 4/15~10/15(연속 두 번 쉬는
날)6시30분~8시
💲 보통—60元, 에어컨—80元

◎일일 영산(灵山)전용노선
🏠 东四十条, 安定门, 崇文门前门, 动物园, 航太桥, 公主坟
🕐 4/15~10/15 매일: 6시~7시
💲 100元(티켓포함)

◎일일 운수곡(云岫谷)전용노선
🏠 宣武门
🕐 4/15~10/15
　　매일: 6시30분~8시
💲 보통－40元, 에어컨－60元

◎일일 흑용담(黑龙潭), 경도제일폭포(京都第一瀑)여행
🏠 东四十条, 安定门, 崇文门前门
🕐 4/15~10/15 매일: 7시~8시
💲 보통－40元, 에어컨－60元

◎일일 청동릉(清东陵)여행
🏠 东大桥
🕐 4/15~10/15 매일: 7시~8시
💲 보통－60元, 에어컨－80元

◎일일운몽산국가산림공원(云蒙山国家森林公园)여행
🏠 宣武门, 航太桥, 公主坟宣武门, 崇文门, 东大桥, 航太桥 公主坟
🕐 4/15~10/15　매일: 7시~8시
💲 보통－40元, 에어컨－50元

◎일일 농민코스: 농가에서 식사, 도원선곡(桃园仙谷)여행
🏠 宣武门
🕐 4/15~10/15
　　매일: 6시30분~8시30분
💲 보통－50元

◎일일 명나라 문화여행: 명황밀랍상궁(明皇腊像宫), 명정릉(明定陵), 소릉창릉(昭陵长陵)
🏠 宣武门
🕐 4/15~10/15
　　매일: 6시30분~8시30분
💲 보통－50元

◎일일 자연풍경 여행: 노상봉(老象峰), 산림공원(森林公园)
🏠 宣武门, 前门
🕐 4/15~10/15
　　매일: 6시30분~8시30분
💲 보통 50元

◎일일 신당유(神堂峪)전용노선
🏠 宣武门
🕐 4/15~10/15 매일: 7시~8시
💲 보통－36元, 에어컨－43元

◎일일 북경 풍경여행A: 세계공원(世界公园), 공왕부(恭王府), 이화원(颐和园)
🏠 宣武门
🕐 4/15~10/15
　　매일: 6시30분~8시30분
💲 보통－20元

◎일일 북경 풍경여행B: 세계공원(世界公园), 공왕부부국해저세계(恭王府富国海底世界), 이화원(颐和园)
🏠 宣武门
🕐 4/15~10/15
　　매일: 6시30분~8시30분
💲 보통－50元

◎일일 자연여행: 야생동물원(野生动物园), 용경협(龙庆峡)
🏠 宣武门, 前门
🕐 4/15~10/15
　　매일: 6시30분~8시30분
💲 보통－50元

◎일일북경역사여행: 주구점(周口店), 상주유적(商周遗址), 서하분(西夏坟)
🏠 宣武门, 前门
🕐 4/15~10/15
　　매일: 6시30분~8시30분
💲 보통－50元
❗ 이상은 돌아오는 편과 티켓이 포함되지 않은 가격입니다.

명소

팔달령장성 八达岭长城
빠다링창청 bā dá lǐng cháng chéng

- P8B3
- 1. 德胜门에서 버스 919번이용
  매일: 첫 차 6시, 배차간격: 5분 에어컨버스-12元, 일반버스-7元
- 2. 팔달령(八达岭)↔정릉(定陵)투어
  천안문 앞 여객센터(旅客集散中心) 1인당-160元
- 3. 팔달령(八达岭) 투어
  천안문 앞 여객센터(旅客集散中心) 1인당-90元
- 4. 西直门에서 기차 이용 매일: 7시30분에 출발
  팔달령장성에서 15시20분에 북경으로 출발 편도-4.5元
- 5. 잔장성(残长城)은 렌트카 대여
- 北京市延庆县
- (010)6912-1017
- 여름: 6시30분~19시
  겨울: 7시~18시
- 4~10월: 45元, 케이블카: 편도-40元, 왕복-60元
- www.badaling.gov.cn

전체 길이 6,700km의 만리장성은 중국 9대 요새 중 하나인 거용관 외진 팔달령(居庸关外镇八达岭)에 위치해 있다. 1505년에 건설하여 가정황제 때에 다시 보수하였다. 동문을 '거용관 외진(居庸关外镇)'이라 하고 서문을 '북문소약(北

사마대장성 司马台长城
쓰마타이창청 sī mǎ tái cháng chéng

- P9D2
- 1. 북경→사마대장성
  东直门에서 980번 버스 승차, 密云에서 하차 후 古北口 행으로 환승, 朱家路口에서 하차, 다시 대절버스(약 20元) 승차, 司马台에서 하차
- 2. 사마대장성→북경
  대절버스 승차, 朱家路口에서 承德발 北京행 버스 승차(약 40元)
- 3. "사마대일일여행(司马台一日游行程)"코스
  천안문여객중심(天安门旅客集散中心)에서 신청
  매일: 6시30분~9시30분 출발 160元(왕복차비와 티켓 포함)
- 北京市密云县古北口镇司马台村
- (010)6903-1051
- 8시~17시
- 기본요금-40元
  케이블카: 편도-30元, 왕복-50元
  성에 올라가는 작은 기차: 편도-20元, 왕복-30元
  Ziptrek Ecotours+유람선-35元
  유람선-10元

금산령장성(金山岭长城)에서 사마대장성까지의 구역은 전체 장성 중에서 원래의 형태를 가장 잘 보존하고 있는 곳이다. 사마대장성

금산령장성 金山岭长城
진산링창청 jīn shān líng cháng chéng

- P9D2
- 东直门 시외버스 터미널에서 密云·司马台 행 버스 이용
- 北京市密云县与河北省滦平县交界处
- (010)8402-4628

門销钥)’이라 칭하며 경장(京张: 北京↔张家口 간의 고속도로)도로가 성문 가운데를 통과하고 있다.

팔달령의 최고 높이는 1015m이고 두 봉우리 사이에는 협곡이 있어 통과하기가 매우 어렵다. 심지어 ‘거용의 위험은 거용관이 아닌 팔달령에 있다.(居庸之险不在关,

而在八达岭)’라는 말이 나올 정도로 험난하다. 팔달령은 장성 중에서 제일 먼저 관광지로 개발된 곳으로 저녁에도 등반이 가능한 유일한 곳이다. 보통 케이블카를 이용하여 장성을 오른다. 전망구역에는 호텔과 식당 및 2007년에 재건된 중국장성박물관(中国长城博物馆)이 있다. 팔달령의 서남쪽에 있는 장성유적지(残长城)는 원래 석협관장성(石峡关长城)이었다. 그 당시 이자성(李自成)이 오랫동안 팔달령을 정복하지 못하자 계책을 세워 석협관(石峡关)을 기습하여 북경까지 진군했다. 오늘날에도 원형 그대로 유지되어 오고 있어 둘러볼 만하다.

은 동쪽 망경루(望京楼)를 시작으로 서쪽 천구(川口)까지 이어져 있으며 전체 길이는 5.4km이다. 절벽 끝에는 험한 지형을 극복하고 지어진 35개의 적루(敌楼)가 있다. 유네스코에서 ‘세계 최상급’의 특별 문물로 지정했으며 1987년에는 세계유산에 등재되었다.

사마대장성은 원앙호(鸳鸯湖)에 의해 동남쪽으로 나뉜다. 원앙호는 한류와 냉류의 샘이 만나는 호수로 겨울에도 얼지 않는 곳이다. 케이블카 혹은 작은 기차를 이용하면 바로 8층에 올라갈 수 있다. 8층에서 14층이나 16층까지 더 가보고 싶다면 단지 한쪽 벽만 있는 폭 30cm의 길을 올라가야 한다. 특히

14층에서부터 15개의 적루 사이에는 80도 경사의 천제(天梯: 하늘계단)가 있다. 담력이 크다고 생각되는 사람은 제일 높은 지점인 16층 망경루까지 도전해보자.

⏱ 7시~17시

💲 50元, 케이블카 왕복−55元

금산령장성은 명나라 홍무황제 때 지어진 것으로 서달(徐达)이 건축을 담당했다. 훗날 애국지사였던 명장 척계광(戚继光)이 복구하여 전체 길이가 20km를 넘게 되었다. 적루가 빽빽이 서 있고 각기 다른

형태로 구성된 이곳은 목조이층누각(木建双层楼), 벽돌이층누각(砖造双拱楼), 괴각루(拐角楼), 육안루(六眼楼)가 궁륭정(穹窿顶), 선봉정(船蓬顶), 사각찬천정(四角钻天顶), 팔각조정정(八角藻井顶)과 조화를 이루고 있어 뛰어난 장성건축양식을 보여주고 있다.

149

모전유장성 · 전구장성

慕田峪长城 무티엔위창청 mù tián yù cháng chéng · 箭扣长城 지엔커우창청 jiàn kòu cháng chéng

🔺 P9C2

🧭 1. 公主坟, 东四十条 42번 종점 및 각 터미널에서 游6路의 여행전용노선 이용 (慕田峪-红螺寺-雁栖湖)
2. 西直门 기차역에서 여행전용노선 이용 北宅 역에서 하차 후 慕田峪长城행 버스로 환승
3. 箭扣长城 방면
东直门에서 버스 916번 승차, 怀柔에서 하차 후 慕田峪 행 (中巴)버스로 환승, 辛营에서 하차, 다시 작은 버스로 환승, 珍珠泉에서 하차

🏠 北京市怀柔区渤海镇慕田峪村 箭口长城在怀柔渤海镇珍珠泉村西北

🕐 7시~18시

💲 입장료-35元, 보험-1元
케이블카: 편도-35元, 왕복-50元
활강로(미끄럼 길)-55元

회유(怀柔)경내에 있는 모전유장성은 서쪽으로 거용관과 이어지고 동쪽으로 고북구(古北口)와 이어져 있다. 문헌에 따르면 명나라 초기에 서달(徐达)이 북제(北齐)의 장성 유적 위에 재건하였다고 한다. 적루가 밀집되어 있으며 지명도가 있는 전구(箭扣), 우각변(牛角边), 응비도앙(鹰飞倒仰) 등 전체 모전유장성 서단을 보수하여 이곳은 장성 최고의 절경 중 하나가 되었다.

모전유장성은 서쪽으로 10km 정도 이어진다. 이 장성은 산의 지형을 기초로 건축했기 때문에 매우 험준하고 기복이 크다. 또 그 모습이 마치 구렁이가 웅크리고 있는 형상과도 같아 사진촬영의 명소가 되었다. '천제(天梯)'의 경사는 70~80도로 매우 심하며 마치

팔대처 공원 八大处公园

빠따추꽁위엔 bā dà chù gōng yuán

🔺 P8B4

🚌 버스 389, 972, 965, 311, 347, 622번 이용

🏠 北京市石景山区

📞 (010)8896-4661

🕐 3/16~4/15, 9/1~11/15: 6시~18시30분
4/16~8/31: 6시~19시
11/16~3/15: 6시~18시

💲 성인-13.5元, 어린이-5元, 케이블-20元
활강로(미끄럼 길)-40元, 케이블+활강로-55元, 로프 30元

🌐 www.badachu.com.cn

팔대처공원은 유서 깊은 불교사원들이 모여 있는 곳이다. 공원 내에 모두 8개의 고찰이 있어 팔대처공원이라 불리고 있으며 자연환경이 우수한 '12경(十二景)'으로도 유명하다. 주변이 취미산(翠微山), 평파산(平坡山), 노사산(卢师山)으로 둘러싸여 있어 '세 산에 여덟 개의 고찰과 열두 가지 풍경(三山八刹十二景)'이라 부르기도 한다. 고목이 하늘을 찌를 듯 하며 안사(安寺)의 백송, 대비사(大悲寺)의 은행나무, 정과사(证果寺)의 황련목 등 수령이 모두 6백년 이상이나 되는 많은 진귀한 나무들이 있다. 가을이 되면 거먕옻나무, 고리버들 등 14만여 그루의 단풍나무가 산을 온통 붉은 빛으로 물들인다. 이곳에서는 매년 '중앙절산유회(重阳游山会)'를 열어 이곳의 단풍을 홍보하고 있다.

하늘에 닿을 것 같은 느낌을 준다. '응비도앙'은 산봉우리 위로 튀어나온 적루로 독수리마저 머리를 하늘을 향하여 올라가야 비로소 적루까지 갈 수 있다는 말이 있을 정도로 지형이 험준하다.

이곳은 풍화로 인한 침식이 심각하기 때문에 등반을 할 때는 항상 조심해야 하며 만약 등산장비를 제대로 갖추지 않았다면 절대 올라서는 안 된다.

풍성한 천혜의 자연환경으로 계절 따라 꽃이 피고 산림이 울창하여 시시각각 변모하는 이곳의 풍경은 매우 아름다워 여행객의 가슴 속에 오래도록 기억되는 명소이다.

거용관장성 居庸关长城

쥐용관창청 jū yōng guān cháng chéng

P8B3

1. 지하철 13호선 龙潭 역에서 하차 후 昌平区城乡 20번 버스로 환승, 풍경구역에서 하차
2. 德胜门에서 919번 승차, 居庸关에서 하차

(010)6977-1665

7시~16시30분

4~10월: 45元, 11~3월: 40元

www.juyongguan.com

거용관은 군사요충지였다. 춘추전국시대의 연나라 때부터 시작하여 주요 군사 주둔지역으로 한나라에 이르러서는 이미 상당한 규모로 발전되어 있었고 위진남북조에 이르러서는 장성과 하나로 연결되었다. 명나라 홍무황제 때 봄마다 증축하여 동쪽으로 취병산(翠屏山), 서쪽으로 금거산(金拒山)까지 4km의 길이로 약 5개의 관문을 만들어 놓았다.

차도성(岔道城), 거용외전(居庸

外镇), 팔달령(八达岭), 상관청(上关城), 중관성(中关城), 거용관성(居庸关城), 남구(南口) 등이 거용관의 군사지휘 중심지다. 거용관은 수림이 울창하여 풍경이 매우 아름답다. 이곳의 풍경에 반한 건륭황제가 친필로 '거용루취(居庸累翠)'의 어패를 남겼으며 연경8경 중 하나가 되었다.

명13릉 明十三陵

P8B3

1. 각 버스 정거장에서 游1, 2, 3, 4, 5번 승차 '거용관(居庸关), 팔달령(八达岭), 13릉(十三陵)' (보통-38元, 에어컨-45元, 고급-50元)

2. 德胜门에서 345번 승차, 昌平北站, 昌平东关에서 314번으로 환승, 神路, 定陵, 长陵에서 하차

3. 宣武门旅客集散中心의 '명대문화일일여행(明代文化一日游)'코스

定陵(010)6076~1424
长陵(010)6076-1888
昭陵(010)6076-3104

매일: 6시30분~8시30분 출발, 왕복-50元

昌平區十三陵特區

성수기와 비성수기에 따라 시간 조정
定陵(8시30분~18시), 长陵(8시30분~17시30분), 昭陵(8시30분~17시30분), 神路(8시30분~18시), 银山塔林(7시~17시30분)
昌平区十三陵特区
(定陵)4~10월: 60元, 11~3월: 40元 (长陵)4~10월: 45元, 11월~3월: 30元 (昭陵·神路)4~10월: 30元, 11~3월: 20元 (银山塔林)4~10월: 20元, 11~3월: 15元

www.mingtombs.com

명13릉은 13개의 명나라 황제묘를 부르는 총칭이다. 1409년, 명 성조가 만든 장릉(长陵), 명나라 말의 숭정황제(崇祯)의 묘, 청나라 순치황제 원년에 지은 사릉(思陵) 등, 모두 13개의 황제의 묘가 있다. 세계에서 가장 완벽한 황제능묘 건축이기도 하다. 모든 능묘들은 다 가까이 배치되어 있으며 그중 장릉

의 규모가 가장 크고 사릉이 가장 작다. 또 가장 화려한 정릉(定陵)은 유일하게 발굴된 곳으로 출토 유물만 무려 3천여 점이다.

능묘는 제일 먼저 장릉, 그 다음으로 현(献), 유(裕), 무(茂), 태(泰), 강(康), 영(永), 소(昭), 정(定), 경(庆), 덕(德), 사릉 순으로 지어졌다. 또한 23명의 황후, 2명의 태자, 30여명의 비빈, 한명의 태감 등이 안장되어 있다.

2003년에는 남경의 명효릉(明孝陵), 청동(清东), 서릉(西陵) 등과 함께 세계문화 유산으로 등재되었다. 명효릉은 명나라 성조와 영락황제 및 서(徐)황후가 합장되어 있는 곳으로 영락황제가 사후의 자신을 수호하기 위해 생전에 수궁(寿宫)이라는 지하 궁전을 4년에 걸쳐 건설했다고 전해지고 있다. 그중 능은전(棱恩殿)이 가장 볼 만하며 내부의 60개 금사 녹나무 기둥은 웅장함을 느끼게 한다. 가장 두꺼운 기둥은 높이가 12.58m, 직경이 1.124m에 다다르며 그 당시 운남, 사천에서 수많은 사람들과 자금을 들여 이곳까지 운송해 왔다고 한다. 그 밖에 가운데 구룡보좌(九龙宝座: 9마리의 용이 그려진 보좌) 위에 앉아 있는 영락황제의 동상이 있는데 그 모습이 실물과 흡사하여 상당한 예술가치가 있다.

13개의 능 중 현재는 장릉과 정릉 및 소릉만 개방하고 있으며 그중에 장릉이 제일 볼 만하다.

용경협 龙庆峡

롱칭시아 lóng qìng xiá

P8B2

1. 前门, 安定门에서 지하철 이용, 西口, 和平街北口, 宣武门 등에서 游8路로 환승

2. 919번 승차, 延庆县城에서 하차 후 环线920번으로 환승

北京市延庆县城古城村北

(010)6919-1020

7시30분~17시30분

전 구간 표-75元, 입장료-35元(정문, 등룡엘리베이터표, 정원 내 풍경구역 포함)

유람선-40元: 왕복과 金刚寺 참관포함

百花洞-10元, 神仙院 풍경구

역-10元: 神仙院 케이블카 포함

좌우 활강로-20元

나룻배 매 시간마다-15元

겨울이면 얼음조각으로 유명한 용경협은 사실 사계절 모두가 아름다운 곳이다. 고즈넉한 산과 들 사이로 흐르는 개울가에 농가들이 오롯이 서있고 지붕 위 굴뚝에서 솟아나오는 밥 짓는 연기와 닭의 울음소리 등 정적인 분위기가 험준한 산세와 하나로 어우러진다. 산과 산이 강을 끼고 이어져 배가 물길을 지나갈 때마다 산모퉁이와 넓은 수면이 번갈아 나타난다. 어느새 뒤따라오던 배는 보이지 않고 앞에 물길도 보이지 않는다. 산수화처럼 아름다운 이곳의 풍경 속에서 북방 대지의 광활함을 느끼게 될 것이다.

청동릉 · 서릉 清东陵·西陵

칭똥링 qīng dōng líng ·시링 xī líng

P9D3、P8A5

清东陵

4/15~10/15 매일7시~8시에 각 터미널에서 "청동릉일일여행(清东陵一日游)"전용노선이용 보통-60元, 에어컨-80元

河北省遵化市清东陵

(0315)694-5471

8시~17시

보통-120元

清西陵

丽潭桥 시외버스 터미널에서 易县 행 버스 승차, 易县에서 9번 버스로 환승

河北省易县梁各庄西

(0312)471-0012

8시~17시30분

전체관람-122元

청동릉은 북경시에서 125km거리의 하북존화현(河北遵化县)에 위치한다. 순치황제가 이곳으로 사냥을 나왔을 때 자신의 능묘로 결정했다는 설이 있다. 1663년에 지어졌고 남북으로 길이가 125km, 넓이가 20km이며 사면이 모두 산으로 둘러싸여져 있다. 청나라 때 이곳에 계속해서 217개의 대전패루(大殿牌楼)를 지으며 크고 작은 15개 능원을 조성하였다. 순치황제의 효릉(孝陵)을 중심으로 최남단의 돌비에서 북단의 효릉보정(孝陵宝顶)까지 전국에서 가장 긴 5600m의 신로(神路)를 중축까지 연결하게 하였다. 그밖에 모두 161명의 황후가 안장되어 있으며 항렬에 따라 부채형으로 배치하였다. 순치황제, 강희황제, 건륭황제, 효장황후, 서태후, 자안황후, 함풍황제, 동치황제, 향비 등이 이곳에 안장되어 있다.

계대사 戒台寺

찌에타이쓰 jiè tái sì

P8B4

지하철 1호선 苹果园 역에서 931번 버스 이용

北京市门头沟戒台寺风景区

(010)6980-2232

8시~17시

35元, 전체참관-60元, 西观音洞-3元, 下塔林-3元

노구교 卢沟桥

루꺼우치아오 lú gōu qiáo

P8B4

버스 309, 339, 748, 715번 승차, 卢沟桥에서 하차

北京市丰台区宛平县卢沟桥

(010)8389-2521

7시~19시

20元

1937년 77사변, 중일 8년 전쟁의 서막을 연 곳이 바로 노구교이다. 노구교는 광안문 밖 풍태구(丰台区)에 위치해 있으며 북경시내와 약 20km의 거리에 있다. 1189년에 지어졌으며 이미 8백년이 넘은 역사를 가지고 있는 유명한 다리이다.

노구교는 백색 화강암으로 만들어졌으며 모두 10개의 교각으로 이 현재 건륭황제의 유릉(裕陵)과 동·서 태후 능 및 향비의 무덤 등 4곳만이 개방되어 있다. 청동릉은 역사와 예술 과학적인 면에서 모두 가치를 인정받아 2000년에 세계문화유산으로 등재되었다. 서태후의 보타욕정동릉(普陀峪定东陵)은 1873년에 건설되었으나 광서황제 때 전부 다시 지어졌다. 대전뿐 아니라 용은전(龙恩殿) 안팎으로 모두 금새채화로 장식했으며 기둥에도 모두 금룡을 둘렀다. 전 앞의 계단에는 '봉상용하(凤上龙下: 봉황이 올라가고 용이 내려오는 형상)'의 조각을 새겨 놓았다. 이것은 중국 역사상 보기 드문 경관이다.

청나라 황제 중 옹정황제의 태릉(泰陵), 가경황제의 창릉(昌陵), 도광황제의 모릉(慕陵) 및 광서황제의 숭릉(崇陵)은 청서릉에 위치해 있다. 청서릉의 건축 면적은 약 5만㎡이며 태릉의 큰 홍문(红门)에 가까운 곳이 능의 정문이다. 정문 앞 3개의 큰 석비방은 사합원 형태로 만들어졌으며 석비방에는 산수, 화초, 동물, 새의 모형이 정교하게 조각되어 있어 예술적인 가치가 상당히 높다. 가장 큰 태릉이 능의 중심부이며 그 나머지 능은 각각 신로 양쪽으로 분포되어 있다.

가경황제의 창릉에서 가장 볼 만한 곳은 바로 용은전이다. 지면은 진귀한 황색화반석이 깔려 있으며 석판에는 자색화 문양이 들어가 있어 멀리서 바라보면 마치 내부가 온통 귀한 보석처럼 느껴진다. 안쪽에는 금룡으로 두른 기둥이 있어 실내 전체가 빛이 난다. 도광황제의 모릉은 천장에 금사 녹나무로 조각된 용이 입을 벌리고 웅크리고 있어 감탄을 자아내게 한다. 광서황제의 숭릉은 중국에 현존하고 있는 마지막 제왕의 능묘이고 안에는 광서황제와 유(裕)황후가 합장되어 있다.

＊潭柘寺 티켓 별도 판매

계대사는 중국 최고의 승가학교이다. 사원 내의 계단(戒坛)에는 불문 최고의 계율인 보살계명이 전해지고 있다. 이 절의 주지였던 태반(泰丱)은 요나라 역대 황제가 친히 선별 파견했으며 중국북방 불교 중 율종의 총본산이기도 했다. 계대사는 명나라 때의 규모를 유지하고 있으며 풍경이 매우 아름답다.

전당에는 중국북방 건축의 웅장함과 화려함이 공존하고 있다. 그러나 경내에는 무성한 소나무 숲이 있어 남방의 조경 스타일이 느껴진다. '계단 , 기송(崎松), 고동(古洞)'은 이곳의 3대 볼거리이며 특히 5그루의 거대한 노송이 유명하다.

루어져 있다. 다리의 면적 넓이는 9.3m로 다리 난간에는 모두 281개의 기둥이 있다. 각 기둥에는 크고 작은 돌사자가 새겨져 있고 각각의 돌사자들은 생동감이 넘쳐 마치 살아있는 것같은 착각이 들기도 한다. 노구교에서 보는 달은 더욱 밝아 보인다 하여 '노구효월(卢沟晓月)' 이라는 말도 있다고 한다. 이

것 역시 북경 8경의 하나로 알려져 있다.

운거사 云居寺
윈쥐쓰 yún jū sì

🔺 P8A4

🚌 1. 天桥에서 917번 이용
　　2. '云居寺-十度'유람전용노선:
　　(5～10월)前门에서 游10번 이용

🏠 北京市房山区灵居寺

☎ (010)6138-9612

🕐 8시30분～17시

💲 云居寺-40元, 观瞻拂舍利
　　-10元, 石经山-10元, 삭도왕
　　복-30元

운거사는 수나라 말기와 당초기에 걸쳐 건설된 것으로 유구한 역사를 가지고 있다. 면적은 약 7만㎡에 다다르며 내부에는 제왕행궁(帝王行宫), 오대원락(五大院落), 육진전우(六进殿宇), 남북량탑(南北两塔) 등이 있어 '북방거차(北方巨刹: 북방에 거대한 절)'라는 말이 과언이 아님을 알 수 있다. 사원 내에는 삼절(三绝)이라 부르는 석경(石经), 지경(纸经), 목판경(木版经)이 잘 보존되어 있고 그중 수나라때부터 내려오고 있는 석경이 가장 유명하다.

　운거사는 만 5천 개에 가까운 불교 석경을 소유하고 있으며 이는 수나라 고승 정완(静琬)이 불법을 유지하기 위해서 새기기 시작한 것이다. 천년 이상의 문화자원으로 오늘날까지 전해 내려오며 현재는 항온항습의 밀폐된 지하 궁으로 이전되어 보관되고 있다. 방문객은 9개의 참관창문을 통해서만 이 세계적인 유산을 관람할 수 있다.

장성각하적공사
长城脚下的公社
창청지아오씨아더공셔
tu cháng chéng jiǎo xià de gōng shè

🔺 P9B3

🚌 1. 자가 운전 시, 북경국제수도
국제공항에서 한 시간 거리
　　2. 기차 青龙桥역에서 20m,
북경시내에서 50분 거리

🏠 北京八达岭高速公路水关长
　　城出口

☎ (010)5878-8328

💲 입장료-120元

🌐 www.communebythegreatwall.
　　com

장성각하적공사는 SOHO중국연합총재 장흔(张欣)이 계획, 투자하고 홍콩, 대만, 중국, 일본, 태국, 싱가포르 및 한국의 건축가들을 초청하여 수관장성(水关长城)의 아름다운 골짜기에 완성한 건축물이다. 2005년 미국의 상업주간지에서 '중국 10대 신건축의 기적'의 하나로 뽑혔다.

'핵도구(核桃沟)'의 별장은 모두 스위트룸으로 하루 숙박비용이 12,500위안부터 시작한다. 그중에서 가장 비싸고 인기가 좋은 방은 바로 일본 건축가 쿠마 켄고(隈研吾)가 설계한 대나무 방(竹房)이다. 대량의 대나무를 가늘게 잘라 만든 다실(茶房)은 대나무방의 핵심이며 육면이 다 대나무로 되어있어 그 사이

홍라사 红螺寺
홍루어쓰 hóng luó sì

P9C3

1. 东直门에서 936번이용
2. 公主坟에서 东四十条42번 이용
3. 각 터미널에서 游6번 '慕田峪-红螺寺-雁栖湖'여행 전용 노선 이용

北京怀柔县红螺山南麓

(010)6068-1639

8시~18시

성인-40元, 학생-20元
가이드 비-50元, 언어 가이드-10元
케이블카 편도-30元, 왕복-50元

www.hongluosi.com

홍라사는 동진(东晋) 때에 지어졌으며 당나라 때에 더욱 확장되었다. 1,600여년의 역사를 가지고 있는 이곳은 넓은 부지에 사원 건축의 기준을 엄격히 준수하고 있다. 홍라사는 정토도장(净土道场)을 지은 제성(际醒)이 입적(圆寂)한 곳으로 그의 사리도 보관하고 있다. 인광(印光)이 그보다 먼저 이곳에서 정토법문을 수련한 후 보타사(普陀寺)로 가서 불법의 진수를 전수 받았다고 한다. 그래서 '남쪽에는 보타가 있고(南有普陀), 북쪽에는 홍라가 있다(北有红螺)'라는 말이 전해지고 있다.

사이로 장성의 봉화대(烽火台)를 볼 수 있다.

장성각하적공사는 현대건축예술의 박물관이라고 할 수 있다. 잇달은 대중들의 대외 개방 요구로 현재는 미리 전화로 연락을 하면 핵도구 외 12동의 별장을 밖에서 볼 수 있으며 당일 영업상황에 따라 별장 내부를 참관할 수도 있다.

담자사 潭柘寺
탄쩌쓰 tán zhè sì

- P8B4
- 지하철 1호선 苹果园에서 931 번 이용
- 北京市门头沟潭柘寺风景区
- (010)6086-1699
- 8시~17시
- 35元, 쿠폰-60元

태행(太行)산맥 보주봉남록(宝珠峰南麓)에 위치한 담자사는 9개의 산이 말굽 모양으로 그 주위를 두르고 있다. 서기 316년에 지어졌으며 북경에 현존하고 있는 가장 오래된 사원이다.

담자사는 청나라 때 대대적인 보수공사를 했지만 건축양식은 여전히 명·청나라의 스타일을 유지하고 있다. 중국 건축물 중 가장 정밀하며 규모가 정연한 건축미학의 극치를 보여 주고 있다. 경내의 노송들은 하늘을 찌를 듯 우뚝 서 있으며 전당은 빽빽이 들어서 있어 엄숙하고 경건한 분위기가 가득하다. 무릉도원의 분위기를 간직하고 있으며 북경제일의 사찰이라는 명예를 얻었다.

 숙박

DE SHENG HOTEL 德胜饭店
- P11D1
- 西城区北三环中路14号
- (010)6202-4477
- 180元~380元

SINO-SWISS HOTEL 北京国际大饭店
- P9C3
- 顺义区南小天竺路
- (010)6456-5588
- 1,300元
- www.sino-swisshotel.com

HOLIDAY INN HOTEL
北京长峰假日酒店
- P10A3
- 海淀区永定路66号
- (010)6813-2299
- 680元~1,050元
- www.holidayinn.cn

FRAGRANT HOTEL 香山饭店
- P8B3
- 海淀区香山公园内
- (010)6259-1166
- 800元~1,800元
- www.xsfd.com

AIRPORT GARDEN HOTEL
北京空港花园酒店
- P9C3
- 北京首都国际机场
- (010)6456-3388
- 580元~1,280元
- www.kghy.com.cn

BEI JING CAPITAL AIRPORT HOTEL 首都机场宾馆
- P9C3
- 北京首都国际机场
- (010)6457-7788
- 560元~1,360元
- www.bjcah.com

BEI JING YAN SHAN HOTEL
燕山大酒店
- P10A1
- 海淀区中关村大街甲38号
- (010)6256-3388
- 667元~2,000元
- www.yanshanhotel.com

XIN XING HOTEL 新兴宾馆
- P10A3
- 海淀区西三环中17号
- (010)6816-6688
- 800元~1,680元
- www.xinxinghotel.com

북경 여행정보
Beijing Information

기본 정보

- **국명** : 중국
- **정식국명** : 중화인민공화국
- **수도** : 북경
- **언어** : 중국어
- **환율**

중국인민폐 1위안은 약 190.46원
(2008. 10. 10현재)

- **화폐**

인민폐 사용. 위안(Chinese Yuan Renminbi).

지폐는 100, 50, 20, 10, 5, 2, 1위안, 5쟈오가 있고 동전은 10펀, 5쟈오와 1위안이 있다.

- **전압** : 220V
- **비상전화**

경찰신고 110, 화제신고119, 긴급구조120

- **시차**

한국보다 한 시간이 느리다.

- **기후**

북경의 기후는 대륙성이다. 겨울에는 한랭건조하고, 여름에는 고온다습하며, 봄·가을은 짧지만 날씨도 좋고 풍경이 아름답다. 1월 평균기온은 —5℃이고, 7월 평균기온은 26℃이다. 연평균기온 11.9℃이고, 연

강수량은 635mm이다. 한편 국지적으로는 지형의 영향을 적지 않게 빋아 연강수량이 천진[天津]보다 100mm 정도 많고, 겨울의 혹한 일수도 천진보다 5일 정도 적은 80일을 보인다. 그 까닭은 북경 분지를 3면으로 둘러싼 산지가 여름에는 남동계절풍의 바람받이가 되고, 겨울에는 북서계절풍을 어느 정도 막아주기 때문이다. 최근 급속한 사막화로 황사가 심해지고 있다. 만약 황사철에 북경을 방문하게 된다면 마스크 등을 미리 준비하여 가는 것이 좋다. 또 위생에 철저히 신경써야한다.

여행에서 반드시 알아야할 것
◎화폐
인민폐는 종이와 금속화폐로 나눈다. 종이화폐 금액으로는 100元, 50元, 10元 5元, 2元, 1元, 5角, 2角, 1角; 금속화폐는 1元, 5角, 10分, 5分, 2分, 1分이 있다.

◎환율
달러나 미국여행자수표를 가지고 다닐 것을 권유한다. 중국의 교통은행 혹은 4급 이상의 호텔에서 직접 환전(호텔에서는 현금만 받는다)을 하면 된다. 수수료는 받지 않으며 현재 환율은 1(USD):7(RMB)정도. 만약 북경수도공항에서 환전을 한다면 할 때마다 40元의 수수료가 부가된다.

교통정보
◎공항-시내
수도국제공항(首都国际机场)

www.bcia.com.cn

출국 후에 공항 로비에서 표를 구매하여 민항 버스 승차, 북경시내 방향 총 6개 노선1인당 16元. 만약 택시를 타고싶다면 반드시 공항 바깥의 한 줄로 서 있는 택시를 타야만 미터기에 준하여 돈을 받는다. 도로에서 손님을 잡는 택시는 절대 타지 말 것. 차가 막히지 않는다면 공항에서 왕부정(王府井)까지는 약 80元이 나올 것이다.

북경사람들은 택시를 추주처(出组车chū zǔ chē)라고 부른다. 3km당 10元부터 시작하여 계산하고 그 후에 1km마다 2元씩 추가가 된다. 모든 택시 양쪽 옆으로 표준금액과 수금방식을 붙여놓고 있다. 그러므로 영수증을 가지고 내리는 걸 잊지 말아라. 고발할 수 있거나 잊어버린 물건을 찾는 입증증서가 되기 때문이다.

◎지하철
북경지하철

www.bjsubway.com

지하철은 북경에서 가장 적절한 교통수단이라 할 수 있다. 기본요금은 2元. 충전식 표를 사면 최소 10元에서 최대 500元까지 충전할 수 있다. 처음 구입 시 계약금 20元를 지불해야 하며 충전카드는 1,000元이 넘어서는 안 된다. 하지만 중국 전역에 카드를 반납할 수 있는 곳이 단지 12개밖에 없으며 모두 교통이 잘 발달되지 않은 곳에 위치한다. 20元의 계약금을 그냥 버리고 싶지 않다면 매번 하나씩 사는 것이 더 효율적이며 한 번 살 때 여러 장을 구입하여 준비하는 것도 좋다.

주요전화
- 신고: 110
- 화재: 119
- 구급차: 114
- 날씨: 121
- 공항문의: 2580항공기 소식을 물어볼 수 있다.
- 민간항공 티켓구매처: 6601-7755
- 24시간 여행전용선: (010)6513-0828
- 여행자수표 환전: 현재 중국에서 교통은행(交通银行)과 중신은행(中信银行)이 수수료를 받지 않고 아메리칸 익스프레스 여행자수표를 환전해 준다. 단지 교통은행(交通银行)만이 달러에 한해 무상으로 환전을 해 주며 그 밖에 예를 들어 중국은행(中国银行)은 0.75%의 수수료를 제하고 준다. 대만사람들이 가지고 가야 하는 구비서류설명 통상 북경에서는 한 사람이 5000달러 정도

의 제한을 두고 있지만 각 은행
의 규정 및 당일의 현금창고 현
황으로 정해진다. 우선 전화로 은
행에 알아볼 것을 건의한다.
- 교통은행(交通銀行)전용:010-95559
- 중신은행(中信銀行)전용:010-95558

주요기관
주중한국대사관
www.koreanembassy.cn

주중대사관(당직실)
1360-103-0178

영사부
- 주간 010-6532-6774~5
- 야간 1360-111-7474

한국인회(교민안전 콜센터)
- 주간 010-6478-9526~8
- 야간 1370-120-0593

한국상회
- 주간 010-8453-9755~8
- 야간 1366-123-7273

북경투자기업협의회
- 주간 010-8472-4421
- 야간 1380-121-9940

남호파출소(왕징) 010-6470-3003
동승파출소(해전구) 010-6231-1235

주한중국대사관
www.chinaemb.or.kr/kor
(02)738-1038

항공사
대한항공
www.kr.koreanair.com/
1588-2001

아시아나항공
www.flyasiana.com/index.htm
1588-8000
중국동방항공

www.easternair.co.kr/eastern/
index.jsp
(02)518-0330

입국절차
검역
배나 비행기로 목적지에 도착한 후
밟게 되는 입국절차 중 가장 먼저
거치는 것이 검역이다. 입국심사
시에 행해지는데, 최근에 전염병이
발생한 지역을 여행한 경우가 아니
라면 특별한 예방접종 등은 필요없
다.
대신, 2003년 사스 바이러스 발생
이후 건강신고서를 미리 작성하여
입국심사 전 제출해야 한다.

입국심사
검역이 끝나면 여러 개의 입국심사
대중에서 외국인(外國人)이라고 표
시되어 있는 입국심사대로 간다.
유효한 여권과 비자 그리고 입국카
드(단체비자는 입국카드 필요없음)
만 제출하면 간단히 끝난다. 단체
일 경우는 단체비자를 받았기 때문
에 단체비자에 적혀있는 번호 순으
로 줄을 서서 심사를 받아야 한다.
출입국카드는 기내에서 미리 작성
해 둔다.

짐 찾기
입국심사가 끝나면 짐 찾는 곳으로
가서, 탁송한 짐을 찾는다. 턴 테이
블의 흐름은 별로 빠르지 않아 상
당한 시간이 걸린다. 도시별 공항
에 따라 턴테이블 안내판에 도착항
공기를 표시하지 않는 곳도 있어
짐 찾는데 애를 먹는 경우가 많으므
로 공항 직원에게 묻거나 함께 탑승
한 승객들을 따르면 도움이 된다.

세관
2005년 7월 1일부로 중국의 모든
공항, 항구로 출, 입국하는 사람은
'중국 출/입 세관 물품신고서'를
작성하여 중국세관에 제출해야 한

다. 신고할 품목이 있는 관광객의 경우 입,출국용 세관 물품신고서와 별도의 추가서류(항공기 내에 비치되어 있음)를 작성한 후 세관직원에 제출하고 제출한 별도의 추가서류를 돌려받아 관광을 마치고 출국할 때까지 보관하면 된다. 세관 통과 시 술1병, 담배10갑, 향수2온스는 신고 없이 반입이 가능하다. 입국 시 신고한 물건은 중국 내에서 팔거나 선물해서는 안 된다. 신고한 물건 가운데 없어진 물건이 있다는 사실이 출국 시 세관원에게 적발될 경우 관세를 물어야 한다. 검사가 끝나면 세관직원이 세관신고서에 사인을 해서 여권과 함께 돌려 주면 입국심사가 모두 끝나게 된다.

출국절차

1. 이용하는 항공사의 카운터에서 여권과 항공권을 제시하고 탑승권을 발부받고, 탁송화물이 있으면 부친다. 카운터에서 출국카드를 받아 기입한다.
2. 보안검사 : 여권과 탑승권을 내보이고, 여행짐은 X-RAY 검사대를 통과시킨 후 휴대물품이나 몸에 지니고 있는 물품을 간단히 조사받는다.
3. 출국심사 : 여권, 탑승권, 출국카드를 제시한다.
4. 탑승권상의 탑승구에서 탑승대기를 한다.

중국 출입국세관신고서

기존과는 달리 2008년 2월 1일부터 출국 시 자율신고제로 변경되었으므로 개별 선택사항이다.

* 입반출금지 품목

무기, 모형무기, 탄약 및 각종 폭발물, 위조 화폐, 위조 유가 증권, 각종 독극물, 아편, 코카인, 헤로인, 마리화나 등 마약류 및 항정신성 의약품, 진귀 문화재 및 반출금지 문화재, 멸종위기나 희귀 동식물 (표본포함), 종자 및 번식 물품

여권 발급 요령

출국을 하려면 누구나 여권을 발급받아야 한다. 여권에는 1년의 유효기간 동안 1회의 해외여행이 가능한 단수여권과 10년의 유효기간 동안 횟수에 제한 없이 해외여행을 할 수 있는 복수여권이 있다. 특별한 사유가 없는 여행자는 해외여행을 할 때마다 여권을 발급받을 필요 없이 복수여권을 발급받는 것이 경제적이다. 2005년 9월 30일 이전에 발행된 구여권은 유효기간 동안 사용이 가능하다. 신여권 제도로 바뀌면서 기존의 유효기간 연장 제도가 폐지되었으므로 연장 가능한 구여권에 대해 신여권 발급 신청서를 작성하면 5년 유효기간의 신여권을 발급받을 수 있다.

여권 발급 구비서류

• 여권 발급 신청서
• 최근 3개월 이내에 찍은 여권사진(3.5cm X 4.5cm)
• 주민등록등본 1부
• 주민등록증 또는 운전면허증
• 대리신청의 경우 본인의 위임장과 주민등록증 및 그 사본과 대리인의 주민등록증이 필요하다.
• 만 18세 미만의 경우 부모의 여권발급동의서 및 동의인의 인감증명서가 요하다.

여권 발급비용

• 복수여권 – 55,000원
• 단수여권 – 20,000원
• 구여권 ⇨ 신여권(5년) – 15,000원

여권 발급기관

• 서울 : 종로구청, 노원구청, 강서구청, 영등포구청, 동대문구청, 강남구청, 송파구청.
• 지방 : 각 시청과 도청의 여권과

그 밖의 필수 아이템

여행자보험

여행자보험이란 여행을 끝마치고 귀국할 때까지 생긴 사고에 대한 보상을 해주는 일회성 보험이다. 보험신청은 보험회사 화재부와 여행사를 통해 할 수 있으며, 공항의 여행보험 판매계에서 출국 직전에도 쉽게 할 수 있다. 보상금에 따라 보험금의 차이가 있지만 보통 2만 원 가량의 보험금이 지출된다.

국제운전면허증

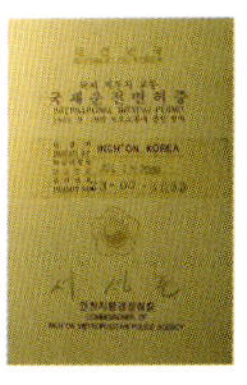

해외여행을 위한 여권 소지자는 약간의 수수료와 간단한 절차를 통해 국제운전면허증을 국내에서 발급받을 수 있으며, 해외에서 사용할 수 있다.

- **발급장소** : 거주지 관할 운전면허 시험장
- **구비서류** : 운전면허증, 여권, 여권사진 2매
- **유효기간** : 1년

국제학생증

학생인 경우에는 국제학생증 (International Student Identity Card)을 발급받아 떠나는 것이 좋다. 국제학생증을 제시하면 박물관, 미술관, 극장, 레스토랑 등에서 여러 가지 할인혜택을 받을 수 있다. 한국에서 국제학생증을 발급받지 못했다면 현지에서 발급받을 수 있다. 국제학생증은 대부분의 국가에서 취급하기 때문에 발급받는 장소만 알고 있다면 오히려 우리나라보다 간편하게 즉석에서 받을 수도 있다.

- **발급장소** : ISEC 국제학생증 한국 본사나 서울 종각역 근처 대부분 여행사에서 발급가능
- **구비서류** : 재학증명서, 신분증,

여권사진 1매
- **발급비용** : 14,000원
- **소요시간** : 접수 후 2일 이내 발송

신용카드

해외여행을 갈 때에는 사용할 일이 없더라도 만약을 대비해 신용카드를 가져가는 것이 좋다. 신용카드는 휴대가 간편하고 분실했을 경우 즉시 신고하면 보상받을 수 있다는 장점뿐만 아니라 카드 종류에 따라 마일리지나 포인트 적립을 받아서 상품이나 현금으로 사용하는 등 여러 가지 혜택을 받을 수 있기 때문이다.

여행자수표 (T/C)

여행자수표는 현금 대신 사용할 수 있고 한도가 있으므로 사용 예산을 조절할 수 있다. 현지 은행에서 현금으로 교환 가능하며 환율이 현금보다 유리하다는 장점이 있다. 또한 분실/도난 시 재발급을 받을 수 있어 안정성을 보장받을 수 있다. 하지만 모든 곳에서 사용할 수 있는 것은 아니며 발행회사의 환전소가 아닐 경우 수수료를 물게 된다는 단점도 있다. 발행회사는 AMEX와 VISA 두 곳이 있고 국민은행이나 외환은행에서 발급받을 수 있다. 여행자수표는 발급 즉시 서명하고 사용할 때 다시 서명해야 하며, 서명란 두 곳이 모두 서명되어 있으면 사용할 수 없다.

중국 역사속의 유명한 인물들

1. 진시황(秦始皇: BC259∼BC210)

　　성 영(嬴). 이름 정(政). 어린나이에 즉위하여 처음에는 태후의 신임을 받던 대신들에게 휘둘렸으나 강력한 친정을 시작한 이후 부국강병책을 추진하여 BC 230∼BC 221년에 한(韓)·위(魏)·초(楚)·연(燕)·조(趙)·제(齊) 나라를 차례로 멸망시키고 천하통일을 이루었다. 천하를 통일한 후 자신을 시황제라 칭하며 막강한 권력을 행사했다.

　　그는 여러 가지 정책을 펼치며 나라의 기틀을 새롭게 다졌다. 그의 업적 중 가장 유명한 것은 바로 북방민족의 침입을 막기 위해 건설한 만리장성이다. 오늘날 만리장성은 중국을 대표하는 상징이자 최고의 관광명소가 되어 전 세계의 수많은 사람들이 찾고 있다.

　　진시황은 그 어떤 왕조보다 강한 국가 체제를 확립했으나 말년으로 갈수록 폭정을 행사하고 특히 불로장생을 위해 수단과 방법을 가리지 않았던 그의 행보로 인해 폭군의 이미지도 함께 가지게 되었다.

2. 당태종 이세민(李世民: 598∼649)

　　수양제의 폭정으로 피폐해진 국정을 바로잡고자 아버지를 설득하여 군사를 일으켜 당나라를 건국했다. 어릴 때부터 총명하고 문무에 모두 능했으며 포용력 강한 성품으로 사람들의 신뢰를 받았다. 당 태조인 아버지 이연이 황태자였던 장남보다 차남이었던 이세민을 더 신뢰하여 권력을 양위하려하자 이를 시기한 형제들과 권력다툼을 벌이게 되었고 이 과정에서 자신과 맞서는 형제들을 살해하기에 이르렀다. 그러나 즉위한 후에는 포용과 강력한 카리스마로 나라의 기틀을 잡고 주변국과의 관계회복에 힘썼으며 체계적인 내정으로 제왕의 모범으로 간주될 정도로 위업을 이루었다. 말년에 고구려에 대한 외교 실패와 유약한 후계자로 인해 불안

하던 왕권은 그의 사후 결국 중국 최초의 여황제인 측천무후에게로 넘어갔다.

3. 측천무후(則天武后: 624∼705)

　　당나라의 공신인 무사확과 그의 후처인 양씨의 차녀로 출생했다. 원래 당태종의 후궁으로 재인으로 봉해졌다가 당태종의 사후에 법도에 따라 사찰로 출가를 하였다. 고종이 즉위 후에 다시 그녀를 불러 후궁으로 삼았고 권모술수로 당시 황후와 고종의 총애를 받던 후궁들을 차례로 쫓아낸 뒤 황후가 되었다. 측천무후에 대해서는 여러 가지 야사가 전해진다. 특히 그녀가 권력을 위해서 자신의 아기까지 죽였다는 이야기는 공공연히 알려진 사실이다. 허약했던 고종을 대신해 그녀를 추종하던 대신들의 지지를 힘입고 섭정을 하다가 고종의 사후에 즉위하여 스스로 황제라 칭하며 중국 최초의 여황제가 된다. 비록 15년이라는 짧은 통치기간이지만 역사학자들에게서 당태종의 치리에 버금가는 통치였다는 평가를 받고 있다.

4. 서태후(西太后: 1835.11.29∼1908.11.15)

　　청나라 함풍황제의 후궁이자 동치황제의 생모이다. 어린나이에 즉위한 동치황제를 대신하여 섭정을 했으며 동치황제가 죽자 자신의 여동생의 세 살짜리 아들을 황위에 앉히고 섭정을 이어간다. 그러나 서구열강의 침입과 개화된 지식인층의 규합으로 정치적 위기를 겪게 된다. 궁녀로 입궁하여 각종 권모술수로 신분상승을 이루며 급기야 측천무후와 같은 절대 권력을 행사했지만 시대변화를 쫓아가지 못한 그녀의 정치방식은 청나라의 멸망을 야기시켰다.

5. 손문(孫文: 1866.11.12∼1925.3.12)

　　자는 중산(中山)이다. 중국의 혁명가이자 정치가로 대만과 중국에

서 국부로 존경받고 있다.

광동성 출신으로 동네 서당에서 학문을 익히다가 하와이로 이주한 형을 찾아가 하와이에서 개신교 학교에 입학하여 기독교를 접하게 되었고 귀국 후 세례를 받아 기독교인이 되었다. 의예과를 졸업하고 의원을 개업하였으며 외과방면에 솜씨가 좋아 병원은 늘 사람들로 붐볐다. 중국을 서구와 같은 정치체계를 갖춘 나라로 세우고자 곳곳에서 뜻이 맞는 사람들과 규합하여 혁명을 도모하였다. 일본과 영국으로 정치적 망명을 하며 견문을 넓힌 그는 그의 정치철학이자 신조인 삼민주의를 구상하게 되었고 그의 야망을 구체화시켰다. 파란만장했던 그의 삶은 수하의 반란으로 객사라는 비참한 결말로 끝이 났지만 그의 곁에는 그의 유지를 받들고 실천하고자했던 인물들이 있었다. 바로 부인 송경령과 동서관계였던 대만의 초대 총통 장개석이다. 비록 그들은 후에 중국대륙의 공산당과 대만의 국민당이라는 상반된 체제의 리더들이 되었지만 모두 손문을 존경하고 그의 정신을 받들었다는 공통점을 가지고 있다.

6. 모택동(毛澤東: 1893.12.26～1976.9.9)

중국의 정치가이자 공산주의 이론가이다. 학창시절 마르크스의 공산주의에 심취하여 공산당원이 되었으며 1924년 국공합작을 시작으로 본격적으로 적극적인 활동을 시작했다.

한 때 장개석에게 숙청당해 쫓겨가기도 했지만 국공분열이후 부패가 극심했던 국민당과의 내전에서 승리를 거두며 상황은 역전된다. 패전한 국민당 정부는 대만으로 퇴각하였고 공산당이 중국의 정권을 획득하게 되며 결국 모택동은 총주석의 자리에 오른다.

모택동은 위대한 영웅이자 독재자라는 양분된 평가를 받고 있다. 불안한 정세를 바로잡고 중국을 안정시켰으며 권력을 집중시키는 데는 성공했으나 문화대혁명 등의 폭정은 후에 비판을 받게 되었다.

중국 근현대 역사의 사건들

1. 의화단 운동

1900년에 일어난 농민투쟁이다. 청나라 중엽부터 이어오던 백련교의 분파 중 의화권을 믿고 따르는 무리들이 있었다. 근대에 이르러 유입된 그리스도교의 신앙은 의화단 계통의 농민계층의 반감을 사게 되었고 급기야 그들을 위시하여 서구열강 세력을 배척하는 운동이 일어나게 된 것이다.

2. 신해혁명

1911년에 일어난 혁명으로 제1혁명으로도 불린다. 이 혁명으로 청나라가 막을 내리고 손문을 대총통으로 하는 중화민국이 시작된다.

3. 5·4 운동

1919년 러시아 혁명과 조선의 3·1운동의 영향을 받아 북경의 대학생들을 중심으로 일어난 혁명운동이다. 중국의 근대와 현대를 구분 짓는 역사적 사건으로 평가된다.

4. 국공합작

중국 국민당과 공산당이 외세에 대항하고 내세를 안정시키기 위해 정치적으로 규합한 것을 이른다. 2차 국공합작은 일제에 대항하기 위해 이루어졌다.

5. 문화대혁명

모택동에 의해 주도된 극좌파운동이다. 모택동과 그의 측근들이 권력을 확립하고 더욱 강화하기 위해 사회 전반적인 분야에 걸쳐 실시했으며 이 때 반대파들은 모두 숙청되었다. 장국영 주연의 영화 '패왕별희'의 역사적 배경이 되었으며 정치적으로 안정은 가져왔지만 후세에 이르러 모택동의 실책 중 하나로 평가되었다.

*참고자료 : 동아 백과사전 위키패디아

입국신고서

1 성
2 이름
3 생년월일
4 성별
5 여권번호
6 국적
7 비자번호
8 입국목적
9 비자발급처
10 항공사 편명
11 출발지
12 중국현지주소(호텔명)
13 서명
14 도착일자

ENTRY CARD — **FOR FOREIGN TRAVELLERS**
PLEASE COMPLETE IN ENGLISH. FILL IN ☐ WITH ✓

1 Family Name	HONG	3 Date of Birth — YEAR 1,9,0,0 MONTH 0,1 DAY 0,1 — OFFICIAL USE ONLY
2 Given Names	GIL DONG	4 Male ✓ / Female
5 Passport No.	B,S,1,2,3,4,5,6,7	6 Nationality
7 Visa No.	A,0,1,2,3,4,5,6	8 Your Main Reason for Coming to China (one only)
9 Place of Visa Issuance	SEOUL	
10 Flight No. Ship Name Train No.	MU5043	
11 From	BUSAN	
12 Intended Address in China	LAN SHENG HOTEL	

Your Main Reason for Coming to China (one only):
Convention / Conference ☐ Business ☐
Employment ☐ Settle down ☐
Visiting friends or relatives ☐
Outing / in leisure ☐ Study ☐
Return home ✓ Others ☐

I declare the information I have given is true, correct and complete. I understand incorrect or untrue answer to any questions may have serious consequences.

13 SIGNATURE 홍길동
14 Date of Entry — YEAR 2,0,0,2 MONTH 0,1 DAY 0,1

출국신고서

1 성
2 이름
3 생년월일
4 성별
5 여권번호
6 출국목적
7 국적
8 항공사 편명
9 목적지
10 중국현지주소(호텔명)
11 서명
12 출발일자

DEPARTURE CARD — **FOR FOREIGN TRAVELLERS**
PLEASE COMPLETE IN ENGLISH. FILL IN ☐ WITH ✓

1 Family Name	HONG	3 Date of Birth — YEAR 1,9,0,0 MONTH 0,1 DAY 0,1 — OFFICIAL USE ONLY
2 Given Names	GIL DONG	4 Male ✓ / Female
5 Passport No.	B,S,1,2,3,4,5,6,7	6 Your Main Reason for Departure from China (one only)
7 Nationality	KOREA	
8 Flight No. Ship Name Train No.	MU5043	
9 Destination	BUSAN	
10 Address in China	LAN SHENG HOTEL	

Your Main Reason for Departure from China (one only):
Convention / Conference ☐ Business ☐
Employment ☐ Settle down ☐
Visiting friends or relatives ☐
Outing / in leisure ☐ Study ☐
Return home ✓ Others ☐

I declare the information I have given is true, correct and complete. I understand incorrect or untrue answer to any questions may have serious consequences.

11 SIGNATURE 홍길동
12 Date of Departure — YEAR 2,0,0,2 MONTH 0,1 DAY 0,1

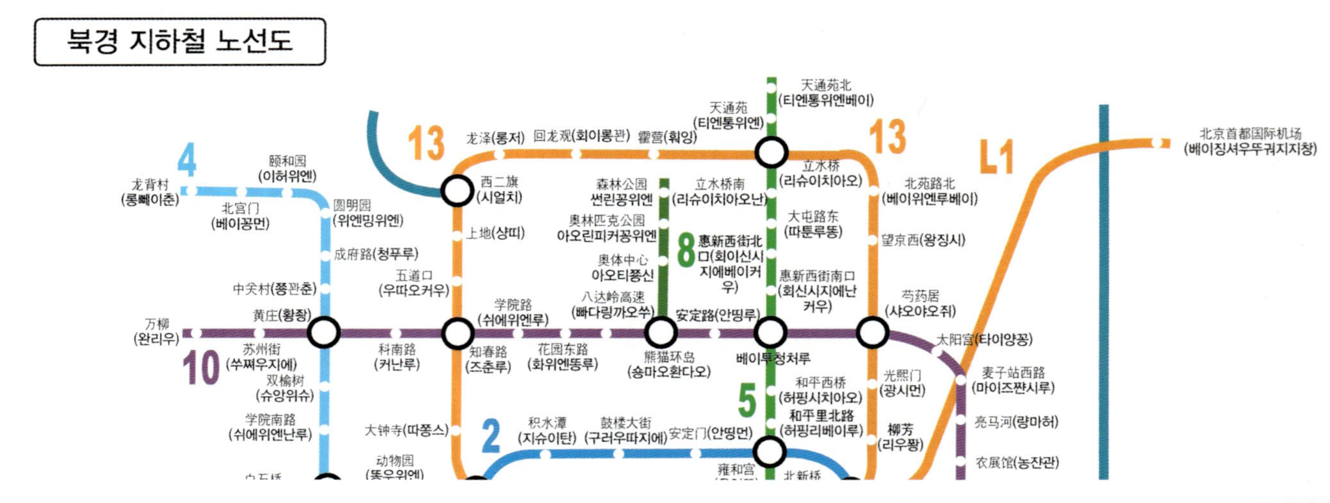

북경 지하철 노선도
北京首都国际机场 (베이징셔우뚜궈지지챵)
天通苑北 (티엔통위엔베이)
天通苑 (티엔통위엔)
龙泽(롱저) 回龙观(회이롱꽌) 霍营(훠잉)
立水桥 (리슈이치아오)
北苑路北 (베이위엔루베이)
13
L1
4
西二旗 (시얼치)
森林公园 썬린꽁위엔
立水桥南 (리슈이치아오난)
大屯路东 (따툰루똥)
颐和园 (이허위엔)
龙背村 (롱뻬이춘)
北宫门 (베이꽁먼)
圆明园 (위엔밍위엔)
上地 (샹띠)
奥林匹克公园 아오린피커꽁위엔
8 惠新西街北口 (회이신시지에베이커우)
望京西 (왕징시)
成府路(청푸루)
五道口 (우따오커우)
奥体中心 아오티쫑신
八达岭高速 (빠다링까오쑤)
惠新西街南口 (회신시지에난커우)
苟药居 (샤오야오쥐)
中关村 (쫑꽌춘)
黄庄 (황쫭)
学院路 (쉬에위엔루)
安定路 (안띵루)
太阳宫 (타이양꽁)
10
万柳 (완리우)
苏州街 (쑤쩌우지에)
科南路 (커난루)
知春路 (즈춘루)
花园东路 (화위엔똥루)
熊猫环岛 (숑마오환다오)
베이투정처루
和平西桥 (허핑시치아오)
和平里北路 (허핑리베이루)
光熙门 (광시먼)
麦子站西路 (마이즈짠시루)
双榆树 (슈양위슈)
5
柳芳 (리우퐝)
亮马河 (량마허)
学院南路 (쉬에위엔난루)
大钟寺 (따쫑스)
2
积水潭 (지슈이탄)
鼓楼大街 (구러우따지에)
安定门 (안띵먼)
动物园 (똥우위엔)
雍和宫
北新桥
农展馆 (농쟌관)

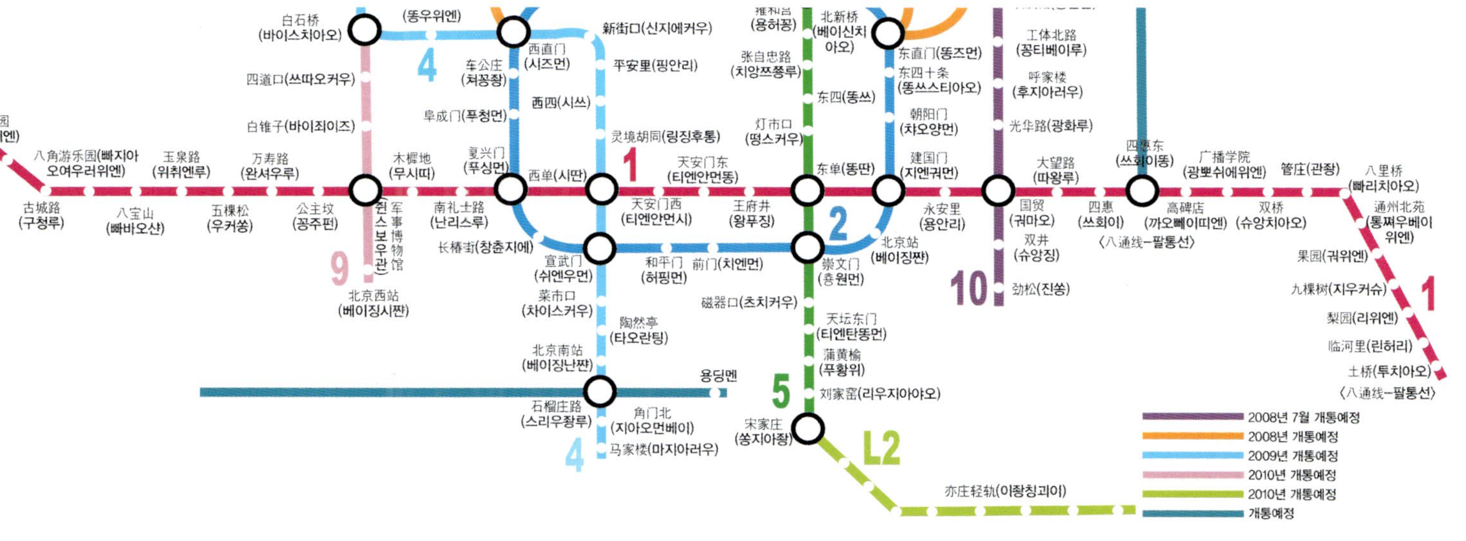
苹果园 (핑궈위엔)
八角游乐园 (빠지아오여우러위엔)
玉泉路 (위취엔루)
万寿路 (완셔우루)
白石桥 (바이스치아오)
(똥우위엔)
新街口 (신지에커우)
平安里 (핑안리)
雅利곰 (용허꿍)
北新桥 (베이신치아오)
东直门 (똥즈먼)
工体北路 (꽁티베이루)
呼家楼 (후지아러우)
四道口 (쓰따오커우)
车公庄 (처꿍좡)
西直门 (시즈먼)
4
张自忠路 (치앙쯔쭝루)
东四十条 (똥쓰스티아오)
朝阳门 (차오양먼)
光华路 (광화루)
白锥子 (바이죄이즈)
阜成门 (푸청먼)
西四 (시쓰)
东四 (똥쓰)
四惠东 (쓰회이똥)
广播学院 (광뽀쉬에위엔)
八里桥 (빠리치아오)
古城路 (구청루)
八宝山 (빠바오산)
五棵松 (우커쏭)
公主坟 (꽁주펀)
军事博物馆 (쥔스보우관)
木樨地 (무시띠)
夏兴门 (푸싱먼)
西单 (시딴)
1
灵境胡同 (링징후퉁)
天安门东 (티엔안먼똥)
灯市口 (떵스커우)
东单 (똥딴)
建国门 (지엔궈먼)
永安里 (용안리)
大望路 (따왕루)
国贸 (궈마오)
四惠 (쓰회이)
高碑店 (까오뻬이띠엔)
双桥 (슈앙치아오)
通州北苑 (퉁쩌우베이위엔)
1
2
南礼士路 (난리스루)
天安门西 (티엔안먼시)
王府井 (왕푸징)
北京站 (베이징짠)
双井 (슈앙징)
管庄 (관좡)
9
北京西站 (베이징시짠)
宣武门 (쉬엔우먼)
长椿街 (창춘지에)
和平门 (허핑먼)
前门 (치엔먼)
崇文门 (총원먼)
10
劲松 (진쏭)
果园 (궈위엔)
菜市口 (차이스커우)
磁器口 (초치커우)
九棵树 (지우커슈)
陶然亭 (타오란팅)
北京南站 (베이징난짠)
용딩멘
天坛东门 (티엔탄똥먼)
梨园 (리위엔)
临河里 (린허리)
石榴庄路 (스리우좡루)
角门北 (지아오먼베이)
蒲黄榆 (푸황위)
土桥 (투치아오)
〈八通线-팔통선〉
5
刘家窑 (리우지아야오)
4
马家楼 (마지아러우)
宋家庄 (쏭지아좡)
L2
亦庄轻轨 (이쫭칭꿰이)

2008년 7월 개통예정
2008년 개통예정
2009년 개통예정
2010년 개통예정
2010년 개통예정
개통예정

한자대조표

故宫/故宮

长城/長城

天坛/天壇

颐和园/頤和園

明清皇家陵寝/明淸皇家陵寢

国家体育场/國家體育場

国家体育馆/國家體育館

国家游泳中心/國家遊泳中心

奥林匹克公园/奧林匹克公園

宣武门区/宣武門區

东城区/東城區

宋庆龄故居/宋慶齡故居

郭沫落纪念馆/郭沫

梅兰芳纪念馆/梅蘭芳紀念館

恭王府花园/恭王府花園

天安门广场/天安門廣場

人民大会堂/人民大會堂

中国国家博物馆/中國國家博物館

毛主席纪念堂/毛主席紀念堂

劳动人民文化宫/勞動人民文化宮

中山公园/中山公園

中国美术馆/中國美術館

国家大剧院/國家大劇院

三联书店/三聯書店

北京大学/北京大學

清华大学/淸華大學

国子监/國子監

孔庙/孔廟
北京古观象台/北京古觀象臺

北京火车站/北京火車站

得胜门/得勝門

中国钱币博物馆/中國錢幣博物館

中国地质博物馆/中國地質博物館

广济寺/廣濟寺

历代帝王庙/歷代帝王廟

汇通祠/匯通祠

月坛/月壇

白云观/白雲觀

西单/西單

日坛/日壇

世贸天阶/世貿天階

中央电视台/中央電視臺

798艺术区/798藝術區

工人体育场/工人體育場

燕莎友谊商城/燕莎友誼商城

京伦饭店/京倫飯店

北京植物园/北京植物園

中华世纪坛/中華世紀壇

大钟寺/大鐘寺

军事博物馆/軍事博物館

中关村/中關村

北京动物园/北京動物園

玉渊潭公园/玉淵潭公園

万寿山/萬壽山

苏州街/蘇州街

圆明园/圓明園
金生隆/金生

爆肚冯/爆肚馮

听骊馆/聽驪館

明城墙遗址公园/明城牆遺址公園

大栅栏/大柵欄

梨园剧场/梨園劇場

大观园/大觀園

硫璃厂/琉璃廠

八达岭长城/八達嶺長城

司马台长城/司馬臺長城

居庸关长城/居庸關長城

龙庆峡/龍慶峽

首都机场/首都機場

燕庆县/燕慶縣

密云县/密雲縣

通州区/通州區

大兴区/大興區

怀柔区/懷柔區

门头沟区/門頭溝區

丰台区/豊臺區

顺义区/順義區

哈德门饭店/哈德門飯店

侣松园宾馆/侶松園賓館

青竹园宾馆/青竹園賓館

越秀大饭店/越秀大飯店

北京燕京海航酒店/北京燕京海航酒店

新欣燕都总店/新欣燕都總店

东方晨光青年旅馆/東方晨光青年旅館

北京富华金宝大酒店/北京富華金寶大酒店

大北宾馆/大北賓館

远方饭店/遠方飯店

华通新饭店/華通新飯店

北京兆龙国际青年旅舍/北京兆龍國際青年旅舍

北京展览馆宾馆/北京展覽館賓館

紫玉饭店/紫玉飯店

万年青宾馆/萬年青賓館

北京铁路大厦/北京鐵路大廈

侨园饭店/僑園飯店

广聚元饭店/廣聚元飯店

사이즈 조견표			
Korea	China	UK	US
44	-	6-8	0-2
55	84-86	8-10	4-6
66	88-90	12-14	8-10
77	92-96	16-18	12-14
88	98-102	20-22	16-18

신발 사이즈 조견표			
Korea	China	UK	US
230	36	4	6
235	37	4.5	6.5
240	38	5	7
245	39	5.5	7.5
250	·	6	8
255	·	6.5	8.5
260	·	7	9
265	·	7.5	9.5
270	·	8	10
275	45	8.5	11.5

여행자수표

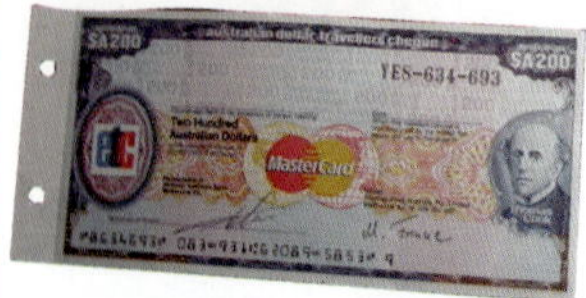

Q & A

Q : 여행자수표는 어디에 쓰면 좋나요?

해외 여행 : 많은 관광경관지역들은 소매치기가 성행을 한다. 여행자수표는 현금 대신으로 사용하는데 있어 현금처럼 잊어버릴 염려를 할 필요가 없이 안심하며 여행을 할 수가 있다. 또한 여행자수표는 여행 중 낭비하는 것을 막으므로 있는 만큼만 사용하도록 컨트롤해 주어 카드사용을 난발하지 않게 한다.

해외 출장 : 출국 공무처리에 적합하다: 출국하여 전시장 참여, 구매 시 대부분 현지에서만 지불 가능한 비용이다. 만약 구매 계약금, 샘플 비용 등 또 급히 지불해야 하는 일이 발생하거나 카드를 받지 않는 경우에 사용된다. 여행자수표는 가장 정당할 때 지불할 수 있는 도구이다. 혹은 현지 은행에서 현금으로도 환전을 할 수 있으며 출국 시 현금을 가지고 다니는 것보다 훨씬 안전하다.

해외 유학 : 여행자수표는 학비, 생활비의 지불방식으로도 사용할 수 있다. 유학은 짧은 시간동안만 머무는 것이어서 통상 외국에서는 통장을 개설할 수 없다. 그래서 여행자수표를 머무는 시간동안의 학비와 생활비로 유학시기의 가장 좋은 선택 지불방법이며 신용카드 범위를 넘지 않는 한에서 사용하기에 안전하다. 유학에 있어 준비해야하는 비용이 더 많으면 여행자수표를 사용하여 개설 전 돈의 안전을 더 요구한다.

이외에 여행자수표 구매 시 환율은 통상 현금보다 혜택이 있어 아직 출국 전일 때 먼저 환율비용을 아낄 수 있어 안전하고 절약도 하게 된다.

Q : 어디에서 아멕스 여행자 수표를 살 수 있나요?

A : 현재 3곳의 루트를 통해 구매할 수 있는 서비스

▶ 은행 : 전국 각 큰 은행 3000여개의 분점에서 구매 가능

▶ 외화지정우체국: 현재 108개 지점에서 구매 가능

▶ 인터넷 예약 : 우리은행과 신한은행 웹싸이트에서 온라인으로구매할 수 있음. 자세한 내용은 http://www.ameri–canexpress.com/korea 참고.

Q : 여행자수표를 분실하면 현지에서 재발급 가능한가요?

아멕스 여행자수표는 전세계 84,000여 은행과 환전소 등의 파트너와 함께 일하고 있으며, 동시에

2,200개의 여행서비스센터를 두고 있습니다. 여행자수표 분실 시 일반적으로 모두 현지에서 재발급이 가능하며, 수수료도 없습니다. 다음 여행지에서 재발급 신청하셔도 됩니다.

Q : 왜 여행자수표를 사용하는 것이 경제적이고 혜택이 많다고 하나요?

A : 여행자수표를 구입할 경우 외화를 현금으로 구입하는 것보다 일반적으로 쌉니다. 외국에서 현지화폐로 교환하려고 할 때, 수수료를 면제해 주는 환전소도 많기 때문에 어떤 때에는 더 많은 현지 화폐를 손에 쥘 수 있습니다. 수수료 등에서 돈을 아낄 수 있을 뿐더러 수지타산이 잘 맞는 방법입니다.

Q : 해외 유학을 할 때, 학비와 생활비를 가지고 나가려고 합니다. 어떤 방식을 선택해야 좋을까요?

A : 여러 방법을 혼합해서 사용하시는 것이 좋습니다. 위험을 피하고, 동시에 편리하게 사용할 수 있어야 합니다. 학비를 현지에서 지불한다면 여행자수표를 이용하시는 것이 가장 좋습니다. 생활비의 70% 정도는 여행자수표, 20% 정도는 신용카드, 10%는 현금으로 사용하시는 것이 좋습니다.

여행자수표의 사용방법

1. **구입 후 즉시 서명 :** 구입 후 즉시 수표 왼쪽 상단에 사인합니다. 어느 언어도 무방.
2. **사용 시 재서명 :** 사용할 때에 수취인의 앞에서 왼쪽 하단에 상단과 일치하는 사인을 하면 됩니다.
3. **따로 보관 :** 구매계약서와 여행자수표는 따로 보관하세요. 만약 여행자수표를 분실, 훼손한 경우 구매계약서를 가지고 각지의 분실배상서비스센터에 가서 분실처리를 하시면 됩니다.

여행 회화

Travel Conversation

출국과 입국

■ 기본인사

안녕하세요.
你好。
니 하오.

만나서 반가워요.
认识你很高兴。
런스 니 헌 까오씽.

잘 지내나요?
你好吗？
니 하오 마?

아주 좋아요.
很好。
헌 하오.

나중에 또 봐요.
下次见。
샤 츠 찌엔.

안녕.(헤어질 때)
再见。
짜이 찌엔.

제 이름은 진입니다.
我的名字叫JIN。
워더 밍즈 쨔오 진.

어디서 오셨어요?
你从哪儿来？
니 총 나알 라이?

저는 한국에서 왔습니다. / 저는 한국인입니다.
我从韩国来。 / 我是韩国人。
워 총 한 궈 라이. / 워 쓰 한 궈 런.

■ 기내에서

베개 하나만 주세요.
请给我一个枕头。
칭 게이워 이거 전터우.

물 좀 주세요.
请给杯水。
칭 게이 뻬이 수이.

다시 한 번 말씀해 주시겠어요?
能再说一遍吗？
넝 짜이 숴 이삐엔 마?

오늘은 며칠이죠?
今天是几号？
진티엔 스 지하오?

오늘은 무슨 요일이죠?
今天是星期几？
진티엔 스 싱치 지?

지금 몇 시입니까?
现在几点？
시엔짜이 지디엔?

오늘 날씨 어떤가요?
今天天气怎么样？
진티엔 티엔치 전머양?

북경 날씨는 어떤가요?
北京天气怎么样？
베이징 티엔치 전머양?

■ 공항에서

여권 좀 보여주세요.
请出示您的护照。
칭 추스 닌더 후짜오.

여행 목적이 무엇인가요?
旅行的目的是什么？
뤼싱더 무디 스 선머?

휴가를 보내려고 왔습니다.
我来度假。
워 라이 뚜쨔.

얼마 동안 머물 예정인가요?
您要逗留多长时间？
닌 야오 떠우려우 뚜어창 스지엔?

1주일간 머물 예정입니다.
逗留一个星期。
떠우려우 이거 싱치.

제 비자를 연장하고 싶습니다.
我想延期。
워 샹 옌치.

비자를 신청하고 싶습니다.
我要申请签证。
워 야오 썬칭 치엔쩡.

여권유효기간이 곧 만료됩니다.
护照有效期快到了。
후짜오 여우샤오치 콰이 따오 러.

한국 인천으로 가는 항공편을 예약하고 싶은데요.
我想订一张去韩国仁川的飞机票。
워 샹 띵 이장 취 한궈 렌촨 더 페이지퍄오.

왕복항공권입니다.
是往返票。
쓰 왕 판 퍄오.

1년짜리 오픈티켓입니다.
我的飞机票有效期是一年。
워더 페이지퍄오 여우씨아오치 쓰 이니엔.

한국행 항공편이 있나요?
有去韩国的航班吗？
여우 취 한궈 더 항빤 마?

다른 항공편은 없나요?
有别的航班吗？
여우 비에더 항빤 마?

편명을 말씀해주세요.
请说一下航班号。
칭 쉬이샤 항빤 하오.

몇 시부터 수속이 시작되나요?
几点开始办理登记手续？
지 디엔 카이스 빤리 덩지 서우쒸?

출발시간이 언제입니까?
出发时间是几点？
추파 스지엔 스 지디엔?

예약 변경이 가능한가요?
可以改预约时间吗？
커이 가이 위웨 스지엔 마?

어떻게 변경하고 싶으십니까?
您想怎么改？
닌 샹 전머 가이?

항공편예약을 취소하고 싶어요.
我想取消航班。
워샹 취샤오 항빤.

다른 항공사를 확인해주시겠어요?
能给我查一下航空公司吗？
넝 게이워 차이샤 비에더 항쿵꿍스 마?

대한항공 카운터가 어디죠?
大韩航空服务台在哪儿？
따한 항쿵 푸우타이 짜이 나알?

출국수속을 밟고 싶은데요.
我想办出国手续。
워 샹 빤 추궈 서우쒸.

창가 자리로 부탁합니다.
请给我靠窗座位。
칭 게이 워 카오촹 쮀웨이.

■ 세관에서

여권과 입국신고서를 보여주세요.
请出示护照和入境卡。
칭 추스 후짜오 허 루징카.

중국에는 처음 오시는 겁니까?
您是第一次来中国吗？
닌 쓰 띠 이 츠 라이 쭝궈 마?

어디에 머물 예정입니까?
您打算住哪儿？
닌 다쏸 쭈 나알?

중국호텔입니다.
住中国大饭店。
쭈 쭝궈 따판띠엔.

돈을 얼마나 소지하고 계십니까?
您带了多少现金？
닌 따이러 뚸어사오 씨엔진?

미화 약 3,500달러를 가지고 있습니다.
大约3,500美元。
따위에 싼 치엔 우 바이 메이위엔.

이곳에 친척이 있습니까?
这儿有亲戚吗？
쩌얼 여우 친치 마?

신고할 물건이 있습니까?
有没有要申报的东西？
여우 메이 여우 야오 선빠오 더 뚱시?

신고할 게 없습니다.
没有申报的。
메이여우 선빠오 더.

교통수단의 이용

■ Bus 이용

버스를 어디에서 타야하나요?
在哪儿坐公交车？
짜이 나알 쮜 꿍쟈오처?

가까운 곳에 지하철역이 있나요?
这附近有没有地铁站？
쩌 푸진 여우 메이 여우 띠티에짠?

택시 승강장이 어디에 있나요?
等出租车的地方在哪儿？
덩 추주처 더 띠팡 짜이 나알?

공항 셔틀버스를 어디에서 탈 수 있나요?
民航班车在哪儿坐？
민항빤처 짜이 나알 쮜?

얼마나 자주 오나요?
隔多少分钟来一趟？
거 뚜어사오 펀중 라이 이탕?

수도백화점에 가려면 어떤 버스를 타야하나요?
到首都百货商店坐几路公共汽车？
따오 서우뚜 바이훠 상띠엔 쮜 지 루 꿍궁치처?

45번 버스를 타세요.
坐45路公共汽车。
쮜 쓰스우루 꿍궁치처.

어떤 버스가 기차역을 지나가나요?
几路车经过火车站？
지 루 처 징궈 훠처짠?

818번 버스를 어디서 타야 합니까?
818路车在哪儿坐？
빠 야오 빠 루 처 짜이 나알 쮜?

이 버스가 북경서역으로 가나요?
这个公共汽车去北京西站吗？
쩌거 꿍궁치처 취 베이징 시짠 마?

그 버스는 얼마나 자주 옵니까?
那公共汽车隔几分钟来一趟？
나 꿍궁치처 꺼 지 펀중 라이 이 탕?

어디서 버스표를 사나요?
在哪儿买票？
짜이 나알 마이퍄오?

수상공원까지 가는 표 석 장 주세요.
来三张到水上公园的。
라이 싼 장 따오 수이상 꿍위엔 더.

어디서 내려야 하나요?
该在哪站下车？
가이 짜이 나 짠 씨아처?

갈아타야 하나요?
要换车吗？
야오 환처 마?

화평문까지 몇 정거장 남았나요?
到和平门还有几站？
따오 허핑먼 하이여우 지 짠?

여섯 정거장 남았어요.
还有六站。
하이여우 려우 짠.

군사박물관 앞에서 내려주세요.
在军事博物馆给我下车。
짜이 쥔스 버우관 게이 워 씨아처.

버스를 잘못 탄 것 같아요.
我好象坐错车了。
워 하오썅 쭤춰 처 러.

이 지도에서 제가 있는 곳이 어디
죠?
我在地图的哪儿？
워 짜이 띠투더 나알?

북해공원 가는 길 좀 가르쳐주시
겠어요?
您能告诉我北海公园怎么走吗？
닌 넝 까오쑤 워 베이하이 꿍위엔 전머 저우 마?

이미 지나왔어요.
已经走过头了。
이징 저우 꿔 터우 러.

젊은이들이 많이 가는 곳이 있나
요?
有年轻人去的地方吗？
여우 니엔칭렌 취더 띠팡 마?

경치가 좋은 곳이 있나요?
有风景区吗？
여우 펑징취 마?

이 도시에 벼룩시장이 어디 있어
요?
这城市的跳蚤市场在哪儿？
쩌 청쓰더 탸오자오 쓰창 짜이 나알?

매표소가 어디죠?
售票处在哪儿？
써우퍄오 추 짜이 나알?

입장료가 얼마죠?
入场券是多少钱？
루창취엔 스 뚜어사오 치엔?

단체표는 얼마나 할인되나요?
团体票打几折？
퇀티퍄오 다 지저?

■ 길묻기
여기서 원명원까지 먼가요?
从这儿到圆明园远吗？
충 쩌얼 따오 위엔밍위엔 웬 마?

근처에 가볼 만한 관광명소가 있
나요?
附近有值得去一趟的旅游景点吗？
푸찐 여우 즈더 취이탕 더 뤼여우 징디엔 마?

■ 전화하기

전화카드를 어디서 살 수 있나요?
电话卡在哪儿买？
띠엔화 카 짜이 나알 마이?

국제전화카드 한 장 주세요?
给一张国际电话卡。
게 이장 궈찌 띠엔화 카.

어디서 잔돈을 바꿀 수 있나요?
在哪儿换零钱？
짜이 나알 환 링치엔?

이 전화기로 국제전화를 걸 수 있나요?
这电话能打国际长途吗？
쩌 띠엔화 넝다 궈찌 창투 마?

한국으로 전화를 어떻게 걸죠?
怎么往韩国打电话？
전머 왕 한궈 다 띠엔화?

■ 택시이용

공항으로 가주세요.
到机场。
따오 지창.

국제공항이요, 아니면 국내공항이요?
去国际机场还是国内机场？
취 궈찌지창, 하이쓰 궈네이지창?

국제공항이요. 얼마나 걸릴까요?
国际机场。要多长时间？
궈찌지창. 야오 뚜어창 스지엔?

어디로 가십니까?
请问您去哪儿？
칭 원, 닌 취 나알?

이 주소로 가려고 합니다.
我要去这儿。
워 야오 취 쩌얼.

트렁크 좀 열어주세요.
麻烦您打开一下后备厢。
마판 닌 다카이 이샤 허우뻬이샹.

기본요금이 얼마죠?
起价是多少钱？
치쟈 쓰 뚜어사오 치엔.

가장 가까운 역까지 요금이 얼마죠?
到最近的地铁站是多少钱？
따오 쭈이찐 더 띠티에짠 쓰 뚜어사오 치엔?

다 왔습니다.
到了。
따오 러.

얼마죠?
多少钱？
뚜어사오 치엔?

■ 지하철이용

지하철 노선도를 구할 수 있을까요?
地铁线路图哪儿有？
띠티에 시엔루투 나알 여우?

표를 어디서 사나요?
车票在哪儿买？
처퍄오 짜이 나알 마이?

천안문에 가려면 몇 호선을 타야 하나요?
去天安门坐几号地铁？
취 티엔안먼 쭤 지하오 띠티에?

막차가 몇 시죠?
末班车是几点？
머빤처 스 지 디엔?

이 역이 무슨 역이죠?
这站是什么站？
쩌 짠 스 선머 짠?

다음이 무슨 역이죠?
下站是什么站？
씨아짠 스 선머 짠?

어느 역에서 내려야 하나요?
在哪站下车？
짜이 나 짠 씨아처?

다음 역에서 내리세요.
下一站下车。
씨아 이 짠 씨아처.

이 지하철의 종착역이 어디입니까?
这地铁的终点站是哪儿？
쩌 띠티에 더 중디엔짠 스 나알?

■ **기차이용**

상해행 열차가 또 있나요?
还有去上海的车吗？
하이 여우 취 상하이 더 처 마?

내일 항주로 가는 표 예매할 수 있어요?
能定明天去杭州的火车票吗？
넝 띵 밍티엔 취 항저우 더 훠처퍄오 마?

장춘에 가는 표를 예매하려고 합니다.
我想定去长春的火车票。
워 샹 띵 취 창춘 더 훠처퍄오.

특급열차는 얼마죠?
特快多少钱？
터 콰이 뚜어사오 치엔?

이 열차가 천진행 열차 맞나요?
这列车是不是去天津的？
쩌 례처 쓰 부 쓰 취 티엔진 더?

실례합니다. 여기 빈자리인가요?
请问，这座位有人坐吗？
칭 원, 쩌 쭤웨이 여우 런 쭤 마?

자리를 좀 바꿔주실 수 있나요?
能不能换一下座位？
넝 뿌 넝 환이샤 쭤웨이?

식당은 몇 호 차에 있습니까?
餐厅在几号车厢？
찬팅 짜이 지 하오 처샹?

지금 어디쯤이죠?
现在到哪儿了？
시엔짜이 따오 나알 러?

열차가 얼마 동안 정차하나요?
车在这儿停几分钟？
처 짜이 찌얼 팅 지 펀중?

호텔에서

■ 호텔 예약과 체크인

예약을 하고 싶은데요.
我想订房间。
워 샹 띵 팡지엔.

2인실을 예약하고 싶은데요.
我想订双人间。
워 샹 띵 쑤앙런지엔.

며칠 묵을 예정인가요?
您打算住几天？
닌 다쏸 쭈 지 티엔?

하룻밤 숙박료가 얼마죠?
住一天多少钱？
쭈 이 티엔 뚜어사오 치엔?

더 싼 방이 있나요?
有没有更便宜的房间？
여우 메이 여우 껑 피엔이 더 팡지엔?

아침식사도 포함됩니까?
包括早餐吗？
빠오쿼 자오찬 마?

체크인해주세요.
我要住宿登记。
워 야오 쭈쑤 덩찌.

이준하라는 이름으로 예약을 했습니다.
我已李俊夏的名字订了房间。
워 이 리 쥔샤 더 밍쯔 띵 러 팡지엔.

예약 확인서를 보여주시겠습니까?
能给我看一下您的订单吗？
넝 게이 워 칸이샤 닌 더 띵단 마?

성함을 말씀해 주시겠습니까?
您贵姓？
닌 꾸이 씽?

짐을 방으로 옮겨주시겠습니까?
能帮我把行李搬到房间吗？
넝 빵 워 바 싱리 빤따오 팡지엔 마?

한국으로 국제전화를 어떻게 거는
지 알려주세요.
请告诉我怎么往韩国打国际长途。
칭 까오쑤 워 전머 왕 한궈 다 궈지 창투.

식당 예약을 좀 해주세요.
请给我约一下餐厅。
칭 게이 워 위웨 이샤 찬팅.

세탁 서비스가 가능한가요?
你们提供洗衣服务吗？
니먼 티꿍 시이 푸우 마?

인터넷을 어디서 이용할 수 있어
요?
在哪儿可以上网？
짜이 나알 커이 쌍왕?

공항 셔틀버스가 자주 오나요?
机场迎送车常来吗？
지창 잉쏭처 창 라이 마?

몇 시에 체크아웃을 해야 하나요?
我得几点退房？
워 데이 지 디엔 투이팡?

로비로 제 짐을 옮겨주시겠어요?
能帮我把行李搬到大厅吗？
넝 빵 워 바 싱리 빤다오 따팅 마?

지금 체크아웃하고 싶은데요.
我现在要退房。
워 시엔짜이 야오 투이팡.

짐 내릴 사람을 한 명 보내주세요.
请派人来拿行李。
칭 파이 렌 라이 나 싱리.

방에 뭘 두고 왔어요.
我把东西落在房间里了。
워 바 뚱시 라짜이 팡지엔 리 러.

모두 얼마죠?
一共多少钱？
이꿍 뚜어사오 치엔?

여행자수표도 취급하나요?
收旅行支票吗？
써우 뤼싱 즈파오 마?

택시를 불러주시겠어요?
能给我叫出租车吗？
넝 게이 워 쨔오 량 추주처 마?

현금으로 하시겠어요, 아니면 카드로 하시겠어요?
是用现金支付还是用刷卡支付？
쓰 융 씨엔진 즈푸 하이쓰 쏴카 즈푸?

카드로 계산해도 되나요?
可以刷卡吗？
커이 쏴카 마?

■ 호텔 서비스 이용
안녕하세요. 객실부입니다. 무엇을 도와드릴까요?
你好！客房部，有什么需要帮忙的吗？
니 하오! 커팡뿌, 여우 선머 쉬야오 빵망 더 마?

몇 호실이십니까?
是几号房间？
쓰 지 하오 팡지엔?

잠시 기다리세요.
请稍等。
칭 사오 덩.

프런트입니다. 무엇을 도와드릴까요?
前台，有什么需要帮忙的吗？
치엔타이, 여우 선머 쉬야오 빵망 더 마?

룸서비스를 어떻게 부르죠?
怎么利用送餐服务？
전머 리융 쑹찬 푸우?

한국으로 국제전화를 어떻게 거는지 알려주세요.
请告诉我怎么往韩国打国际长途。
칭 까오쑤 워 전머 왕 한궈 다 궈지 창투.

이 얼룩을 뺄 수 있을까요?
能除掉这污渍吗？
넝 추댜오 쩌 우쯔 마?

언제 가져다주실 수 있나요?
什么时候可以送来？
선머 스허우 커이 쑹라이?

제 세탁물이 다 됐나요?
我的衣服洗好了吗？
워 더 이푸 시하오 러 마?

이건 제 게 아닌데요.
这不是我的。
쩌 부 스 워 더.

귀중품을 맡길 수 있을까요?
给寄存贵重物品吗？
게이 찌춘 꾸이쭝 우핀 마?

팁입니다.
这是小费。
쩌 스 샤오페이.

호텔 안에 선물가게가 있나요?
酒店里有礼品店吗？
지우띠엔 리 여우 리핀띠엔 마?

포장을 해주세요.
请包装一下。
칭 빠오좡 이샤.

헬스클럽이 몇 시에 문을 열어요?
健身房几点开门？
찌엔선팡 지 디엔 카이먼?

방에 금고가 있습니까?
房间里有保险柜吗？
팡지엔 리 여우 바오시엔꾸이 마?

다른 방을 주실 수 있으세요?
能不能给我换别的房间？
넝 뿌 넝 게이 워 환 비에더 팡지엔?

와서 한번 봐주세요.
请来看看吧。
칭 라이 칸칸 바.

식당 · 쇼핑

■ 식당찾기

이 근처에 맛있는 식당이 있나요?
这附近有不错的饭店吗？
쩌푸찐 여우 부춰더 판띠엔마?

이 지역의 특산물을 먹고 싶은데요.
我想吃一次这地区的特产。
워샹 츠이츠 쩌띠취더 터찬.

가까운 곳에 사천요리 식당이 있나요?
附近有四川料理店吗？
푸찐 여우 쓰촨 랴오리띠엔 마?

패스트 푸드 식당이 어디 있는지 아세요?
您知道速食店在哪儿吗？
닌 쓰따오 쑤스띠엔 짜이 나알 마?

한국식당이 어디에 있나요?
请问，哪儿有韩国料理店？
칭원, 나알 여우 한궈랴오리띠엔?

■ 주문하기

메뉴 좀 주세요.
请给我一下菜单。
칭 게이 워 이샤 차이딴.

무슨 요리를 주문하시겠습니까?
您要点什么？
닌 야오 디엔 선머?

바로 나올 수 있는 요리는 없나요?
有没有马上就能上的菜？
여우메이여우 마쌍 쪄우넝 쌍더 차이?

결정하셨습니까?
决定了吗？
줴딩 러 마?

188

추천할 만한 게 있나요?
有没有可以推荐的？
여우 메이 여우 커이 투이지엔더?

정말 맛있어요.
很好吃。
헌 하오 츠.

맛이 이상해요.
味道有点怪。
웨이따오 여우 디엔 꽈이.

향채를 넣지 말아 주세요.
别放香菜。
비에 팡 샹차이.

제가 낼게요.
我请吧。
워 칭바.

맛있게 먹었어요.
吃得很好。
츠더 헌하오.

여기에 사인해 주세요.
请在这儿签名。
칭짜이 쩌얼 치엔밍.

한 번 더 확인해 주시겠어요?
请再确认一下。
칭짜이 췌렌 이샤.

영수증 주세요.
请开张发票。
칭 카이장 파퍄오.

여기서 드실 겁니까, 아니면 가지
고 가실 겁니까?
您在这儿吃还是带走？
닌 짜이쩌얼 츠 하이쓰 따이저우?

■ 쇼핑하기
쇼핑몰이 어딘지 알려주시겠어요?
请问，购物中心在哪儿？
칭원，꺼우우쭝신 짜이 나알?

몇 시에 문을 열죠?
几点开门？
지 디엔 카이 먼?

몇 시에 폐점하죠?
几点关门？
지 디엔 꾸안 먼?

여성복 매장은 몇층에 있나요?
几楼卖女士装？
지 러우 마이 뉘쓰좡?

그냥 구경하는 거예요.
我只是看看。
워 즈쓰 칸칸.

천천히 둘러 보세요.
请慢看。
칭 만 칸.

저쪽에 저것 좀 보여주시겠어요?
请给我看一下那边的那一个，可以吗？
칭 게이워 칸이샤 나비엔더 네이거，커이마?

다른 것 좀 보여주시겠어요?
能给我再看一下别的吗？
넝 게이워 짜이 칸이샤 비에더 마?

이거 얼마죠?
这个多少钱？
쩌거 뚜어사오 치엔?

긴급 상황

경찰을 불러주세요!
请叫一下警察！
칭 쨔오이샤 징차!

여권을 잃어버렸어요.
我丢了护照。
워 디우러 후짜오.

길을 잃었어요.
我迷路了。
워 미루 러.

저놈 잡아라! 도둑이야!
是小偷！快捉住他！
쓰 샤오터우! 콰이 줘쭈 타!

여기 누구 한국말 할 줄 아는 사람
계세요?
这儿有会说韩国语的人吗？
쩔 여우 후이 숴 한궈위 더 런마?

한국 대사관에 연락 좀 해주세요.
请联络一下韩国大使馆。
칭 리엔뤄 이샤 한궈 따스관.

누가 좀 도와주세요!
请帮一下忙！
칭 빵이샤 망!

뭘 잃어버리셨나요?
您丢了什么？
닌 뎌우 러 선머?

어디서 잃어버렸어요?
世纪公园站
짜이 나알 뎌우더?

분실물취급소가 어디죠?
请问遗失物招领处在哪儿？
칭 원 이스우 자오링추 짜이나알?

카메라를 잃어버렸어요.
我丢了相机。
워 뎌우러 썅지.

택시에 두고 내렸어요.
放出租车上了。
팡 추주처 상 러.

가방을 버스에 두고 내렸어요.
把包放在汽车上了。
바 바오 팡짜이 치처 상 러.

■ 병원에서

구급차를 불러주세요.
请叫一下急救车。
칭 쨔오이샤 지쪄우처.

병원에 데려다주세요.
请送到医院。
칭 숭따오 이웬.

머리가 심하게 아파요.
头很疼。
터우 헌 텅.

복통이 아주 심해요.
肚子疼的厉害。
뚜즈 텅더 리하이.

아픈지 얼마나 됐나요?
疼多久了？
텅 뚜어져우 러?

설사하세요?
泻肚子吗？
씨에 뚜즈 마?

진찰을 받고 싶은데요.
我想看病。
워 샹 칸삥.

진료는 몇 시부터 시작하나요?
几点开始门诊？
지디엔 카이스 먼전?

여기 한국어를 하는 의사 있어요?
这儿有会韩国语的医生吗？
쩌얼 여우 후이 한궈위 더 이성 마?

어디가 이상하시죠?
哪儿不舒服？
나알 뿌 수푸?

증상이 어떻습니까?
什么症状？
선머 쩡좡?

여기가 아파요.
这儿疼。
쩌얼 텅.

감기에 걸린 것 같아요.
好象得了感冒。
하오쌍 더러 간마오.

GO Happy Tour

북경

BEIJING

초판 인쇄일 _ 2008년 12월 2일

초판 발행일 _ 2008년 12월 9일

발행인 _ 박정모

발행처 _ 도서출판 혜지원

주소 _ 서울시 동대문구 장안 1동 420-3호

전화 _ 영업부 02)2212-1227, 2213-1227

전화 _ 편집부 02)2249-7975

팩스 _ 02)2247-1227

홈페이지 _ http://www.hyejiwon.co.kr

지은이 _ MOOK 편집실

기획·진행 _ 이영희, 유신향

교정·교열 _ 유신향, 송유선

디자인, 본문편집 _ 박애리

표지디자인 _ 김경미

영업마케팅 _ 김남권, 황대일, 고광수, 서지영

ISBN _ 978-89-8379-580-9

978-89-8379-539-7 (세트)

정가 _ 7,800원